BIANDIANZHAN SHEBEI
HONGWAI REXIANG JIANCE SHILI FENXI

U0643365

变电站设备红外热像检测

实例分析

国网河南省电力公司周口供电公司　组编

中国电力出版社
CHINA ELECTRIC POWER PRESS

内 容 提 要

本书由变电站一次设备（电流型）红外热像典型图例、变电站一次设备（电压型）现场发热红外热像典型图例、变电站二次设备现场红外热像典型图例以及带电设备红外检测需注意的若干问题四个部分组成。

本书提炼了红外检测技术的一些重要知识，因此可作为红外热像检测人员和技术人员在分析和处理故障设备时的参考资料。

图书在版编目（CIP）数据

变电站设备红外热像检测实例分析 / 国网河南省电力公司周口供电公司组编. — 北京：中国电力出版社，2014.12（2019.9重印）
ISBN 978-7-5123-6461-5

Ⅰ. ①变… Ⅱ. ①国… Ⅲ. ①变电所-电气设备-红外线检测
Ⅳ. ①TM63

中国版本图书馆CIP数据核字（2014）第217206号

中国电力出版社出版、发行
（北京市东城区北京站西街 19 号　100005　http://www.cepp.sgcc.com.cn）
三河市航远印刷有限公司印刷
各地新华书店经售
*
2014 年 12 月第一版　　2019 年 9 月北京第二次印刷
710 毫米 × 980 毫米　16 开本　11 印张　168 千字
印数 2001—3000 册　　定价 58.00 元

版 权 专 有　　侵 权 必 究

本书如有印装质量问题，我社营销中心负责退换

《变电站设备红外热像检测实例分析》
编　委　会

主　　任	刘长义			
副 主 任	华　峰	余　翔		
委　　员	张洪涛	王自立	宁丙炎	沈　辉
	韩爱芝	黄小川	张劲光	褚双伟
	杨光亮	韩金华	王晓辉	张　科
	薛鸿鹏	石　军	李宏伟	刘守明
主　　编	薛鸿鹏	李　琳		
副 主 编	韩爱芝	王世珠		
编写人员	申志远	陈全兴	魏　涛	殷长亚
	艾新法	梁啸宇	陈　茜	史宏伟
	唐　磊	刘　东	张逸凡	张　燕
	王　博	李卫东	李建军	许海燕
	刘秋华	杨　陆	张　磊	李汝杰

红外热像检测技术图像清晰、稳定、不受测量环境中高压电磁场的干扰，具有必要的图像分析功能，具有较高的温度分辨率能满足实测距离的要求，具有较高的测量精确度和合适的测温范围。适用于变电站内所有具有电流、电压致热效应或其他致热效应的设备。

红外热像检测技术是电气安全检测的一种重要手段，因其具有不接触、不停运、不取样、不解体等诸多优点，所以可以做到省时、省力、降低设备维修费用，大大提高了设备的运行可靠性，同时它也是保证状态检修能够顺利开展的主要技术手段。本书通过对变电站内一些发热事件的典型实例进行分析，指导发现各类发热类缺陷和异常情况，为检测人员在开展红外检测工作时提供检测和判断的依据。通过对异常现象的分析及对防范措施的总结，提炼了红外检测技术重要知识，供分析和处理故障设备时参考和借鉴，为状态检测和设备检修打下基础。

本书第 1 章 1.1 ~ 1.3 及第 4 章由薛鸿鹏编写；第 1 章 1.4 ~ 1.11 由申志远编写；第 2 章由李琳编写；第 3 章由陈全兴、王世珠编写。

本书在编写过程中，得到了周口供电公司各有关变电站及有关管理部门的大力支持，周口供电公司领导审阅了全书并提出了重要修改意见，在此一并表示衷心的感谢！

由于受理论水平和实践经验所限，书中难免存在不妥之处，敬请读者批评指正。

编 者

2013 年 6 月

CONTENTS 目录

前言

第1章 | 变电站一次设备（电流型）红外热像典型图例

1

2

第2章　变电站一次设备（电压型）现场发热红外热像典型图例

第3章 | 变电站二次设备现场红外热像典型图例

第4章　带电设备红外检测需注意的若干问题

第1章

变电站一次设备（电流型）红外热像典型图例

1.1 变 压 器

变压器需要重点检测的电气设备部位及常见故障类型，见表1–1。

表1–1　　　变压器需要重点检测的电气设备部位及常见故障类型

重点检测部位	常见故障类型
储油柜	储油柜缺油或假油位
高压套管及将军帽接头	介质损耗增大；套管缺油；导电回路连接部位接触不良
中、低压套管及接线夹	导电回路连接部位接触不良
外壳及箱体螺栓	变压器漏磁通产生的涡流损耗引起箱体或部分连接螺栓发热
变压器本体	线圈故障、铁芯多点接地等引起的局部发热
冷却装置及油路系统	潜油泵过热；管道堵塞或阀门未开

变压器主要热像特征如下：

（1）箱体涡流损耗发热。变压器漏磁通产生的涡流损耗引起箱体或部分连接螺栓发热，其热像特征是以漏磁通穿过而形成环流的区域为中心的红外热像图。

（2）变压器内部异常发热。当变压器内部出现异常发热时有可能引起箱体局部温度升高。这种红外热像图不具有环流形状。这类缺陷同时伴有变压器内部局部温度场异常，可采用红外诊断与色谱分析相结合的方法进行判断。

（3）冷却装置及油路系统异常。潜油泵过热时，红外热像图上有明显热区；若管道堵塞或阀门未开，部分管道或散热器无法油循环，在红外热像图上会呈现低温区。

（4）储油柜缺油或假油位时红外热像图上储油柜内油气分界面清晰可辨。

（5）高压套管缺陷。这类缺陷的热像特征是套管整体温度偏高，介质损耗增大，正常时同类比较相间温差不应超过 2 ～ 3K；套管缺油时，红外热像图上有明显的油气分界面；导电回路连接件接触不良时，热像特征是一个以发热点为中心的红外热像图，可根据相对温差判断法和比较法的有关判据来判断。

1.1.1 变压器中压套管引线座、套管导电杆热熔发热红外热像典型图例

1. 异常简介

2007年4月10日18：30左右，天气晴好，环境温度为22℃，在对某220kV变压器进行红外热像时，发现该变压器110kV侧A相套管将军帽处发热，温度达103℃，B、C相均为30℃（温度正常），三相温度差异很大，当时负荷电流为271A，A相套管将军帽处红外热像图如图1-1所示。随后，对该变压器进行了多次测温跟踪，在环境温度不变的情况下，当负荷电流上升到310A时，A相

图1-1 负荷电流271A时A相套管
将军帽处红外热像图

的温度为130℃，其套管将军帽处红外热像图如图1-2所示；当负荷电流为280A时，A相的温度为111℃，其套管将军帽处红外热像图如图1-3所示。这说明发热点温度与负荷变化成正相关关系，即负荷越大，温度越高。

图1-2 负荷电流310A时A相套管
将军帽处红外热像图

图1-3 负荷电流280A时A相套管
将军帽处红外热像图

2. 异常分析与处理

该变压器三相套管的温差很大，存在明显的发热缺陷，有可能是由于套管将军帽丝扣没有拧紧或导电杆与引线焊接不良造成的。为了保障变压器安全运行，计划将负荷全部转移后进行停电检修。检修时发现，其引线已经无法正常拆卸下来，随后决定将引线座整体进行锯割。经破坏性检查发现，由于导电杆与引线

图 1-4　锯割下来的套管引线座

磷铜焊工艺较差，造成部分连接缺焊，导致110kV侧A相通流能力不足，再加上该变压器长期负荷较大，造成套管引线座丝扣与导电杆因长期过热相互熔焊，这属于产品质量问题。锯割下来的套管引线座如1-4所示。

重新更换了导电杆和引线座，并进行磷铜焊接。变压器修复投运后，对变压器进行多次测温，均正常。2007年5月22日上午，天气阴，环境温度为28～32℃，变压器110kV三相套管将军帽的温度均低于31℃，且一致性很好，先后两次测得其红外热像图如图1-5所示。

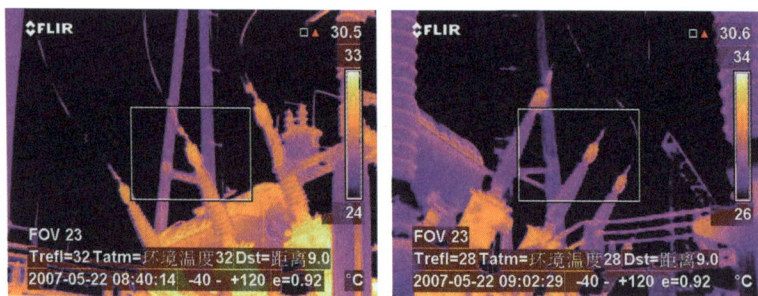

图 1-5　修复投运后变压器 110kV 侧套管红外热像图

3. 预防措施

该变压器异常属于产品质量问题，此类缺陷相对较少。由于没有及时发现异常，且处理不够及时，发生了发热熔焊现象，导致增加了处理难度，浪费了人力、物力、财力。可采取如下预防措施：

（1）把好产品监造关，在出厂前及时发现隐患、及时进行处理。

（2）把好验收关，对直流电阻的偏差要有敏感性。

（3）投运带负荷后要及时对设备进行红外测温，比较三相相同部位的温差，尤其是负荷较大时，若温差明显，即使温度不高也要追踪测温和分析，发现异常及时处理。

（4）预防性试验要关注直流电阻的微小变化，再结合红外测温结果进行综合判断。

（5）运行中定期或不定期对变压器进行红外测温，可以及时发现异常，合理安排计划处理。

（6）运行人员巡视要仔细、认真，尤其是下雪天气，要观察同类线夹积雪的多少，初步判断是否发热。

1.1.2　变压器低压套管铜铝过渡线夹接触不良发热红外热像典型图例

1. 异常简介

2009 年 6 月 25 日晚，天气晴好，环境温度为 30℃，在对某 110kV 变压器进行红外测温时，发现该变压器 10kV 侧套管铜铝过渡线夹温度较高，其中 A 相为 102℃、B 相为 113℃、C 相为 108℃，当时负荷电流为 550A，A、B、C 三相的红外热像图如图 1-6 所示。

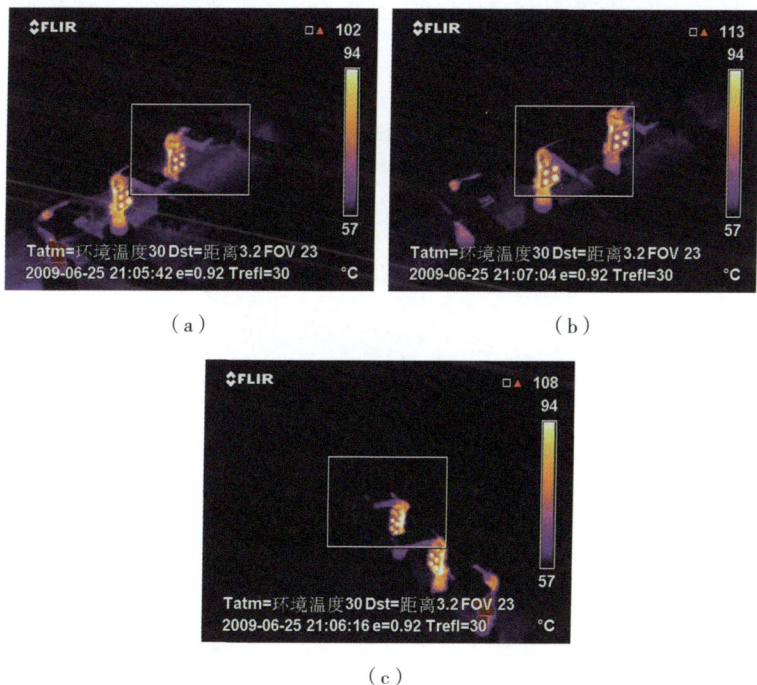

（a）

（b）

（c）

图 1-6　负荷电流 550A 时变压器低压侧三相套管铜铝过渡线夹红外热像图

（a）A 相；（b）B 相；（c）C 相

从图 1-6 可以看出，紧固螺栓处温度明显偏高。次日晚，天气晴好，环境温度为 37℃，对该变压器进行多次测温跟踪，负荷电流为 520A 时，A 相为 102℃、B 相为 107℃、C 相为 109℃，A、B、C 三相的红外热像图如图 1-7 所示。

从图 1-6、图 1-7 分析可知，发热点的温度与负荷变化有一定的关系，即负荷电流变小时，发热点的温度有所降低。一般来说，环境温度越高、发热点散热越慢，对设备越不利，但与负荷的影响相比要小一些。

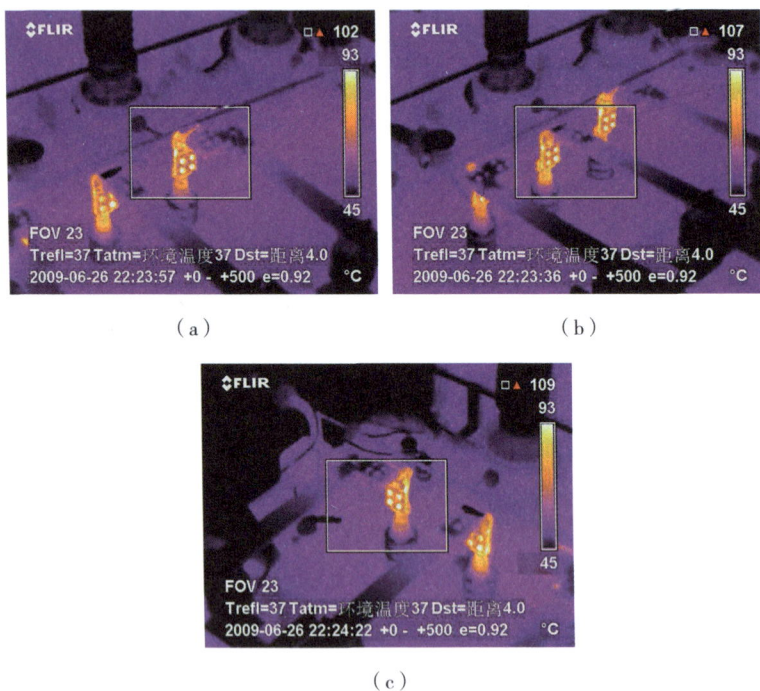

（a）

（b）

（c）

图 1-7　负荷电流 520A 时变压器低压侧三相套管铜铝过渡线夹红外热像图
（a）A 相；（b）B 相；（c）C 相

2. 异常分析与处理

该变压器低压侧三相铜铝过渡线夹的温差不明显，但与母线桥温度相比，存在明显的温度差异，这说明三相均存在发热缺陷，有可能是过渡线夹螺栓松动所致。

发现温度异常后，及时转移负荷，将变压器停电检修。检查发现，变压器低压侧三相铜铝过渡线夹紧固螺栓多处松动，有可能是 2009 年 6 月初变压器周期性试验时，变压器低压侧三相铜铝过渡线夹恢复时紧固螺栓没有拧紧，加之该变压器低压侧负荷电流较大，导致温度异常。由于及时发现缺陷，没有对设备造成严重损害，将变压器低压侧所有螺栓紧固后，恢复送电。

变压器运行后经多次测温，低压侧三相铜铝过渡线夹温度基本一样，如测温的环境温度为 37℃时，当时负荷电流在 550A 左右，该变压器低压侧 A、B、C 相套管铜铝过渡线夹处温度在 31 ~ 34℃之间，与母线桥温度相比基本一样，说明缺陷已得到处理。检修后 2009 年 7 月 18 日、9 月 22 日所测红外热像图分别如图 1-8、图 1-9 所示。

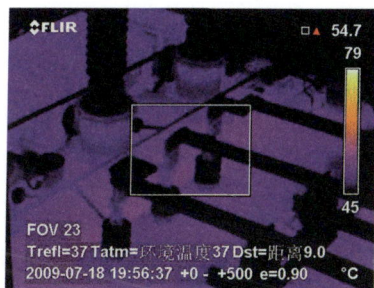

图 1-8 检修后 2009 年 7 月 18 日
变压器低压侧套管铜铝过渡线夹
红外热像图

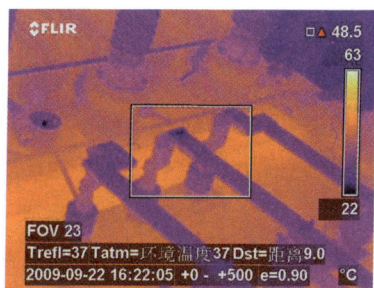

图 1-9 检修后 2009 年 9 月 22 日
变压器低压侧套管铜铝过渡线夹
红外热像图

3. 预防措施

变压器低压侧套管铜铝过渡线夹发热是比较常见的缺陷，主要是安装、维护质量方面的问题。该缺陷由于发现及时、处理及时，避免了设备损坏，节约了人力、物力、财力。可采取如下预防措施：

（1）安装、检修维护单位要加强施工管理，严格控制施工工艺，确保连接处螺栓紧固到位，降低接触电阻。

（2）变压器套管安装或检修后，严格落实三级验收制度，确保接头接触良好。

（3）变压器安装、检修后，带负荷运行后及时进行红外测温，检验施工质量。

（4）运行中定期或不定期进行红外测温，及时发现缺陷，尽早安排计划处理。

（5）对工作人员进行责任心教育，并实行安装、检修质量责任追究制度。

1.1.3　变压器储油柜油位检查红外热像典型图例

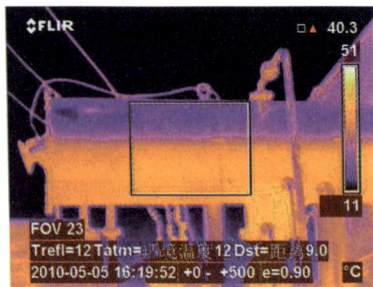

图 1-10　35kV 变压器油位
红外热像图

1. 异常简介

因某 35kV 变压器多处渗漏油，渗漏油持续时间较长，且该变压器储油柜的油位计损坏，无法判断变压器的真实油位。2010 年 5 月 5 日下午，天气阴，环境温度为 12℃，利用红外热像仪对该变压器实际油位进行检查，此时负荷为 7MVA（容量为 10MVA），其红外热像图如图 1-10 所示。

2. 异常分析

从图 1-10 可以清晰地看出，变压器储油柜内油气分界面在 2/3 处，目前油位尚属于正常范围。此时该变压器负荷率在 75% 左右，储油柜和变压器本体温度在 40℃左右，变压器油的温升达到 28℃左右。夏、冬季高峰负荷来临时，变压器将满负荷或过负荷运行，温升将会进一步加大，存在一定的安全风险。

3. 预防措施

变压器渗漏油缺陷比较常见，缺油可以引起内部部件暴露于空气中，绝缘受潮造成设备损坏。只有及时发现，才能防止事故的发生。可采取如下预防措施：

（1）对变压器渗漏油缺陷及时处理，防止油位进一步下降。

（2）及时更换油位计，便于运行人员准确判断实际油位。

（3）运行人员注意监视变压器油温变化，发现异常及时向管理部门汇报。

（4）气温高、负荷大时，适当增加对该变压器的测温次数，及时发现异常。

1.1.4　变压器套管线夹处发热红外热像典型图例

1. 异常简介

2007 年 5 月 13 日，天气晴好，环境温度为 22℃，对某 110kV 变压器进行红外测温时，发现该变压器 110kV 侧套管 C 相温度达 79.1℃（A、B 相均在

24℃左右）、35kV 侧套管 B 相温度为 100℃（A、C 相均在 30℃左右），温度与其他相套管相比存在明显温差，当时负荷为 15MVA，其红外热像图分别如图 1–11、图 1–12 所示。

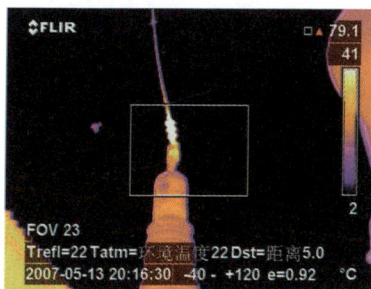

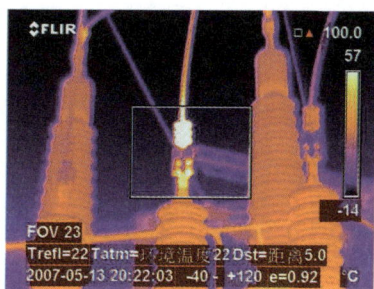

图 1–11　变压器 110kV 侧套管 C 相红外热像图　　　图 1–12　变压器 35kV 侧套管 B 相红外热像图

2. 异常分析与处理

该变压器 110kV 侧套管 C 相、35kV 侧套管 B 相分别与其他相套管相比，温差较大，可见存在明显的发热缺陷。该变压器 110kV 和 35kV 套管引出线夹采用螺栓连接，仅依靠 6 个紧固螺栓固定，在长期高负荷、大电流作用下，极易造成氧化、松动、发热等问题，若个别螺栓安装时没有拧紧，更容易出现发热缺陷。

为保障变压器安全运行，按计划转移负荷，将变压器停电检修。检查发现螺栓连接松动、氧化，遂将螺栓连接改为压接。检修后将设备恢复正常运行，并进行多次红外测温。2007 年 5 月 22 日上午，天气阴，环境温度为 28℃，测得变压器 110kV 侧套管三相温度不超过 31.9℃、35kV 侧套管三相不超过 38.2℃，且三相温度一致性好，当时负荷为 25MVA，其红外热像图分别如图 1–13、图 1–14 所示。

从处理前、后图谱中可以看出，处理前环境温度低、负荷小，但故障相温度较高；处理后环境温度高 6℃、负荷增加 10MVA，但各相温度均较低，且各相温度的一致性很好。

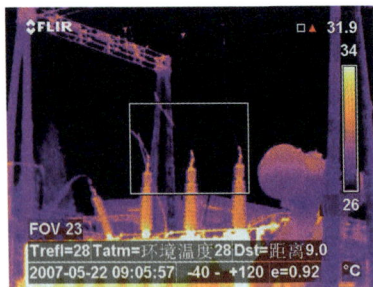

图1-13 检修后变压器110kV侧
套管红外热像图

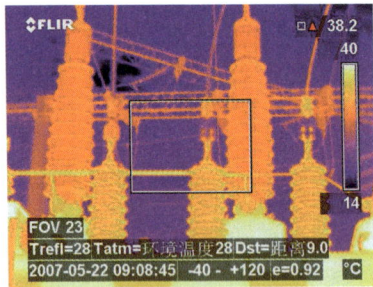

图1-14 检修后变压器35kV侧
套管红外热像图

3. 预防措施

（1）变压器套管安装后或检修后，一定要验收检查到位，确保接触良好。

（2）对所有螺栓线夹连接进行排查，计划逐步将螺栓连接全部改为压接，确保连接可靠。

（3）对运行中的变压器进行定期或不定期红外测温，对没有更换的螺栓线夹，缩短红外测温周期，及时发现异常、进行检修处理。

1.1.5 变压器10kV低压绕组断股发热红外热像典型图例

图1-15 变压器220kV侧红外热像图

1. 异常简介

某日，天气晴朗，环境温度为28℃，对220kV某变电站设备进行红外测温时，发现220kV1号变压器10kV出口处红外热像图异常，最高温度高达113℃，当时负荷为60MVA。变压器220kV侧红外热像图如图1-15所示，110kV和10kV侧红外热像图如图1-16所示，变压器顶部红外热像图如图1-17所示。

2. 异常分析与处理

检测人员发现温度严重异常后及时汇报管理部门，随后立即停电检查，检修工区进行了油色谱和高压试验，发现变压器油总烃增加较多，且乙炔超标，低压侧绕组直流电阻严重不平衡。根据红外热像图、油色谱、直流电阻等异常报告

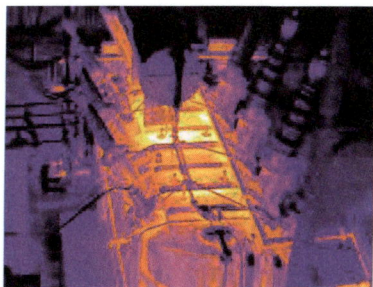

图 1–16　变压器 110kV 和 10kV 侧　　　　图 1–17　变压器顶部红外热像图
　　　　　红外热像图

综合分析判断，确定该变压器内部 10kV 绕组断股严重，已没有修复价值，最终将该变压器退役。该变压器为强迫油循环风冷变压器，于 20 世纪 80 年代出厂，2004 年曾经大修过，并经过长途运输二次异地使用，属于老旧设备再利用，该变压器自出厂后一直长期大负荷运行，变压器二次运输、安装时可能存在隐患，再加上异地运行时负荷仍然很重，基本是满负荷运行，甚至有过负荷现象，导致变压器隐形故障逐步显现。

　　3. 预防措施

　　正常运行中的老旧变压器低压绕组断股，故障比较罕见。由于老旧变压器二次异地使用，加上长期重负荷运行，检测手段又不完善，导致变压器损坏，失去修复价值，应该说损失不小。对于此类变压器，只有合理使用、及时检测，才能确保安全运行。可采取如下预防措施：

　　（1）对于经过二次运输异地使用的老旧变压器，尽可能不要接近满负荷运行，杜绝过负荷运行。

　　（2）建议安装变压器绝缘油色谱在线监测装置，及时发现安全隐患。

　　（3）建议缩短变压器油色谱分析和预防性试验周期，发现异常及时处理。

　　（4）小负荷运行时定期进行红外测温，大负荷运行时增加测温次数。

　　（5）无论哪种检测方法发现异常后，都要及时汇报管理部门，综合研究处理方案，避免造成不可挽回的后果。

1.1.6 变压器 110kV 高压套管缺油发热红外热像典型图例

1. 异常简介

2007 年 1 月 9 日上午，天气阴，环境温度为 4℃，对 110kV 某变电站设备进行红外测温时，发现 1 号变压器 110kV 高压套管 B 相红外热像图异常，B 相套管端部热像图与 A、C 相热像图有差异，即三相一致性不好，当时负荷为 15MVA，其红外热像图如图 1–18 所示。

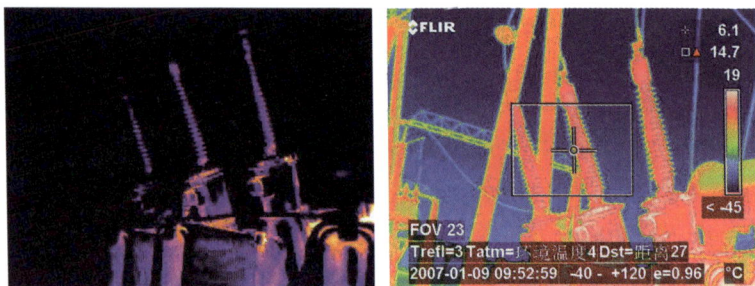

图 1–18　2007 年 1 月 9 日变压器 110kV 套管三相红外热像图

随后多天对该变压器进行追踪测温，2007 年 1 月 24 日下午，天气晴好，环境温度为 10℃，负荷为 15MVA 左右，又对该变压器进行了测温，其红外热像图如图 1–19 所示。从图 1–19 中可以看出，B 相套管上端部油气分界面清晰，且油面明显低于其他两相。

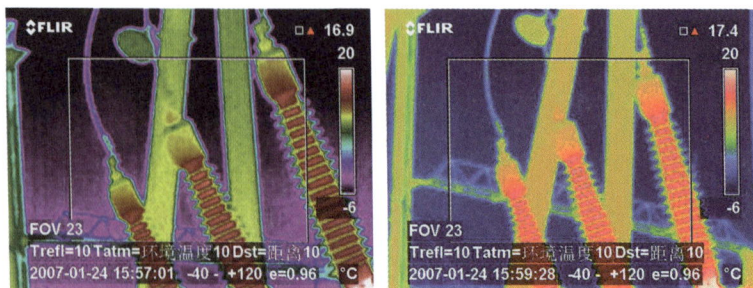

图 1–19　2007 年 1 月 24 日变压器 110kV 套管三相红外热像图

2. 异常分析与处理

该变压器为薄绝缘铝绕组风冷变压器，运行 30 余年，运行巡视已看不清套管的油位，红外热像图显示高压套管 B 相与其他两相油气分界面不一致，B 相油面明显低于另外两相，判断 B 相套管缺油。从套管外部来看，三相套管均没有渗漏油点，怀疑 B 相套管一直缺油或下部密封不严，向变压器内部渗漏油。随后决定停电检查，经检修检查，确定 B 相套管下部密封不严，向变压器本体渗漏油。对该套管进行密封处理，并进行套管补油，安全运行至今。

3. 预防措施

老旧变压器套管缺油是一种比较常见的缺陷，要特别关注，才能及时发现异常。可采取如下预防措施：

（1）老旧变压器套管的油位观察窗要及时清擦干净，若磨损严重，应及时更换，以方便运行巡视时观察到实际油位。

（2）运行人员要重点巡视套管，若有渗漏油点，及时关注油位观察窗，发现异常及时汇报。

（3）变压器遇到停电计划时，检修人员要重点检查实际油位和观察窗的清晰度，发现问题及时处理。

（4）对于运行中的老旧变压器，应缩短预防性试验周期，防止套管发生受潮情况。

（5）红外测温是发现套管缺油的有效手段，对老旧变压器要增加测温次数。

1.1.7 变压器箱体磁屏蔽缺陷引起发热红外热像典型图例

1. 异常简介

2007 年 8 月 13 日下午，天气阴，环境温度为 32℃，对某 110kV 变电站设备进行红外测温时，发现 1 号变压器箱体红外热像图异常，如图 1-20 所示。变压器所带负荷为 11MVA（容量 31.5 MVA），其高压侧套管下方油管处温度最高为 114℃。

随后对变压器进行多次追踪测温，发现其发热处温度与环境温度、负荷变化关系不是十分明显。2008 年 6 月 25 日，天气阴，环境温度为 31℃，当时负荷为 11MVA 左右，变压器 110kV 侧套管下方油管处的温度最高为 108℃，其红外热像图如图 1–21 所示。

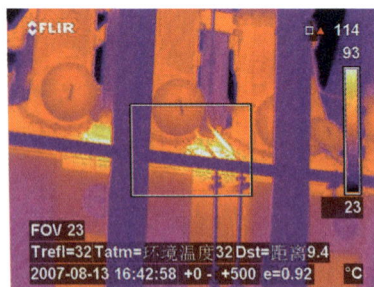

图 1–20 2007年8月13日110kV 变压器
高压侧套管下方箱体红外热像图

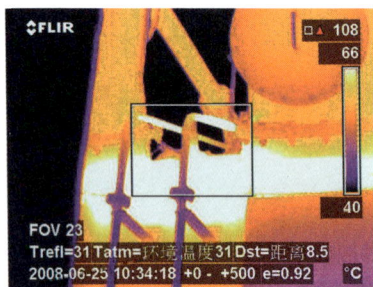

图1–21 2008年6月25日110kV 变压器
高压侧套管下方箱体红外热像图

2. 异常分析与处理

正常运行的变压器，有漏磁通通过上、下节油箱时，若变压器的磁屏蔽出现破损、缺失、起皮等现象，则缺陷部位的漏磁通会变大，产生涡流，引起油管发热。一般来说，变压器漏磁通产生的涡流损耗会引起箱体局部发热，其特征是以缺陷部位为中心的红外热像图异常。通过对该异常现象进行连续跟踪和综合分析后，最终确定为变压器箱体磁屏蔽层缺陷引起的发热，可以继续运行。该变压器属于老旧变压器，运行至今，红外热像图变化不大。

3. 预防措施

（1）应安排计划对该变压器进行大修、吊罩检查并修复磁屏蔽层，防止长期过热加速绝缘老化。

（2）缩短变压器油色谱分析周期，跟踪油中气体成分变化情况，及时发现异常。

（3）定期或不定期对变压器进行红外测温，注意红外热像图的变化，发现异常及时汇报。

1.1.8   变压器高压套管端部连接部件接触不良发热红外热像典型图例

1. 异常简介

2005 年 6 月 24 日晚，天气晴好，环境温度为 28℃，对某 500kV 变压器进行红外测温时，发现该变压器 500kV 侧三相套管端部连接部位温度有差异，A 相负荷电流为 662A、最高温度为 51.6℃；B 相负荷电流为 682A、最高温度为 56.1℃；C 相负荷电流为 715A、最高温度为 48.1℃。其红外热像图分别如图 1–22 ~ 图 1–24 所示。随后又进行多次测温跟踪，温度缓慢上升。

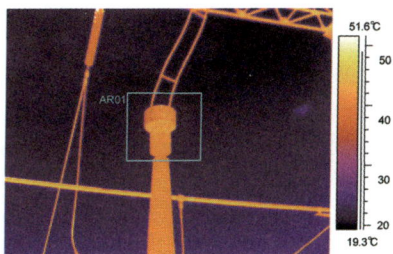

图 1–22　变压器 500kV 侧 A 相套管端部红外热像图

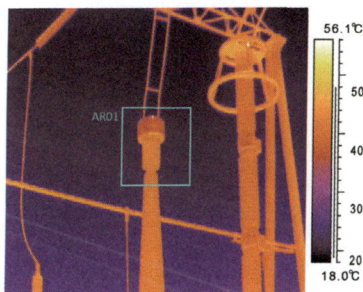

图 1–23　变压器 500kV 侧 B 相套管端部红外热像图

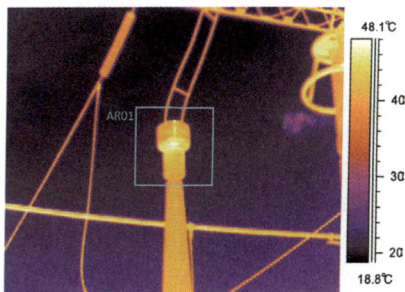

图 1–24　变压器 500kV 侧 C 相套管端部红外热像图

2. 异常分析与处理

该变压器尽管三相温差不十分明显，但可以看出，C 相负荷电流为 715A（最大）、温度为 48.1℃（最低）；B 相负荷电流为 682A（处于中间）、温度为 56.1℃（最高）；A 相负荷电流为 662A（最小）、温度为 51.6℃（高于 C 相）。说明 A、B 相套管端部连接部件有可能存在接触不良缺陷，可能是安装时紧固不到位，经过大负荷电流后接触不良进一步发展造成的。

安排计划将该变压器停电检修，检查三相套管端部连接部件接触情况，三相螺栓均稍有松动，相对而言 B 相最严重，紧固后投入运行。2005 年 11 月 21 日晚，天气晴朗，环境温度为 1℃，对修复后的变压器高压套管端部进行测温，A 相负荷电流为 510A、最高温度为 2.3℃；B 相负荷电流为 498A、最高温度为 2.0℃；C 相负荷电流为 519A、最高温度为 2.9℃。其红外热像图分别如图 1–25 ~ 图 1–27 所示。

从处理后的三相测温结果来看,负荷电流逐渐增大,温度稍为升高;负荷电流逐渐减小,温度稍为降低。其符合规律,说明缺陷处理比较彻底。

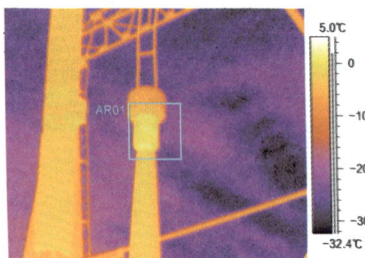

图1-25 处理后变压器500kV侧
A相套管端部红外热像图

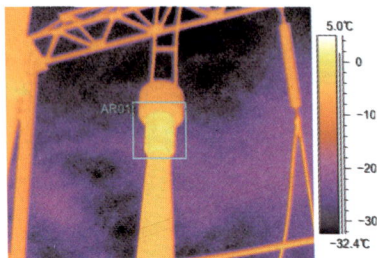

图1-26 变压器500kV侧处理后
B相套管端部红外热像图

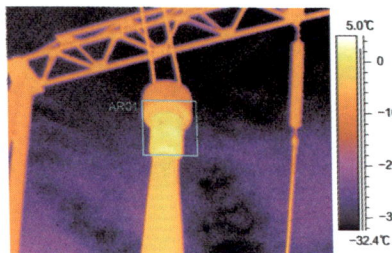

图1-27 变压器500kV侧处理后
C相套管端部红外热像图

3. 预防措施

变压器高压套管端部连接部件接触不良,是比较常见的缺陷,主要是由于安装、维护质量问题,这类缺陷只要及时发现,处理起来比较简单,省时又省力。针对这类三相温差较小的变压器,要不断总结经验,千万不能因为温差小就轻易放过这种隐性缺陷,否则会引起严重后果。一般来说,电流致热性型设备,在环境温度一定的情况下,同类设备的负荷大、温度高,负荷小、温度低。如果出现相反的情况,就要考虑是否存在接触不良的问题。可采取如下预防措施:

(1)施工单位安装、检修时要加强施工管理,抽查、复检到位,确保连接处螺栓紧固到位。

(2)套管端部连接部件连接后,严格执行验收制度,确保接触良好。

(3)对施工质量实行责任追究制度,确保连接质量良好。

(4)变压器带负荷后,要及时对变压器进行红外测温,以检验连接是否牢固。

(5)运行中定期对变压器进行红外测温,发现缺陷,安排计划进行处理。

(6)对于测温结果,要结合负荷情况进行准确判断。

1.1.9 变压器套管将军帽接触不良发热红外热像典型图例

1. 异常简介

2005 年 6 月 30 日晚，天气晴朗，环境温度为 25℃，对某 220kV 变压器进行红外测温时，发现该变压器 110kV 侧 B 相套管接头处最高温度为 136℃，A、C 相温度在 30℃左右，当时负荷电流为 569A，其红外热像图如图 1-28 所示。

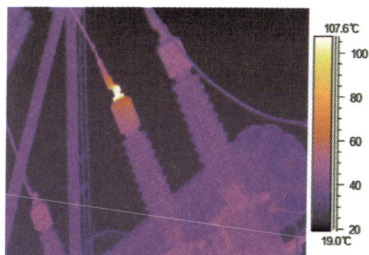

图 1-28 变压器 110kV 侧 B 相套管接头处红外热像图

2. 异常分析与处理

该变压器中压侧三相温差非常大，B 相温度是其他两相的 4.5 倍，明显存在发热缺陷，有可能是由于套管将军帽丝扣没有拧紧或导电杆与引线焊接不良造成的。立即安排计划将该变压器停电检修，检查 B 相套管端部连接情况，检修人员已无法正常拆掉该套管将军帽。经检修人员破坏性检查发现，该套管将军帽丝扣与导电杆因接触不良过热，已熔焊在一起，如图 1-29、图 1-30 所示。

图 1-29 套管将军帽丝扣熔焊图   图 1-30 导电杆过热图

该缺陷主要是由于变压器套管将军帽丝扣紧固不到位，而导致将军帽丝扣与导电杆长期过热相互熔焊，这属于安装质量问题。现场对套管将军帽和导电杆进行了整体更换处理。变压器套管修复投运后，对变压器进行多次测温，均正常。2005 年 7 月 5 日晚，天气晴好，环境温度为 29℃，对该变压器进行测温，当时负荷电流为 570A，测得最高温度为 35℃，三相温度一致性很好，说明缺陷处理情况良好。

3. 预防措施

该变压器套管发热属于安装质量问题，此类缺陷相对较多。由于没有及早发现缺陷，尽管发现后处理比较及时，但已经发生了熔焊现象，增加了消缺的难度，费时费力，应尽量避免该情况出现。可采取如下预防措施：

（1）把好安装质量关，严格执行验收制度，避免套管将军帽丝扣紧固不到位。

（2）加强管理，提高安装人员的责任心，对施工质量实行责任追究制度。

（3）变压器带负荷后，及时进行红外测温，检验安装质量。

（4）严格执行红外测温有关规定，及时发现隐患，及时进行处理，防止缺陷进一步恶化。

1.1.10 换流变压器套管受潮发热红外热像典型图例

1. 异常简介

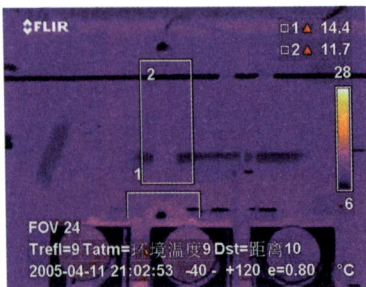

图 1-31　500kV 换流变压器套管
A 相红外热像图

2005 年 4 月 11 日晚，天气晴朗，环境温度为 9℃，对某换流站 500kV 换流变压器进行红外测温时，发现该换流站换流变压器套管三相温度有差异，C 相套管整体温度较高，最高温度为 26.3℃，A 相最高温度为 15.2℃，B 相最高温度为 14.4℃，当时换流站负荷为 40MW（满负荷为 360MW），其红外热像图分别如图 1-31 ~ 图 1-33 所示。该变压器在运行几个月后 C 相套管炸裂。

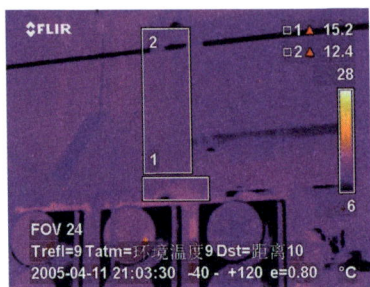

图 1-32　500kV 换流变压器套管
B 相红外热像图

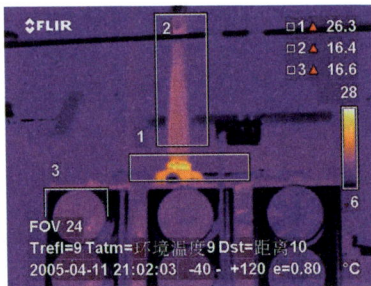

图 1-33　500kV 换流变压器套管
C 相红外热像图

2. 异常分析与处理

尽管该换流变压器套管三相温度差异较大，最高温度与最低温度相差接近一倍，但由于三相温度不是太高，加之当时红外测温经验有限，没有引起有关人员的足够重视，没有及时停电检查处理，导致 C 相套管在运行中炸裂。故障后经检查与综合分析，确定是由于套管受潮、介损增大造成的，属于产品质量问题。

3. 预防措施

该变压器套管发热属于产品质量问题，此类缺陷相对较少。尽管红外测温及时发现了缺陷，但没有及时停电检查处理，造成了严重后果，应坚决杜绝该类事情的发生。可采取如下预防措施：

（1）把好产品出厂质量关，杜绝有安全隐患的产品流入电力系统。

（2）做好预防性试验数据的历史积累，观察分析试验数据的变化，及时发现隐患。

（3）定期或不定期对变压器套管进行红外测温，若三相温度相差较大，即使温度不高，也应缩短测温周期进行追踪；如果温差进一步增大，应立即停电检查处理，防止缺陷进一步恶化。

（4）凡是红外测温发现变压器三相套管根部温差较大时，必须引起高度重视，立即停电做高压试验、油色谱分析、油简化实验等，以确定是否存在重大安全隐患。

1.1.11　换流变压器套管封堵处涡流发热红外热像典型图例

1. 异常简介

2005 年 6 月 9 日中午，天气阴，环境温度为 20℃，对某 220kV 换流变压器进行红外测温时，发现该换流变压器 A 相 Yx 套管封堵处温度为 92℃，其他两相同一部位的温度不超过 30℃，相间温差较大。将该换流变压器 B、C 相 Yx 套管封堵处红外热像图与 A 相的横向对比，同样证明 A 相 Yx 套管封堵处温度异常，当时负荷电流为 1000A，其红外热像图如图 1-34 所示。

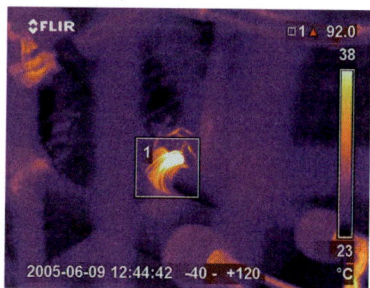

图 1-34　处理前 220kV 换流变压器 A 相 Yx 套管封堵处红外热像图

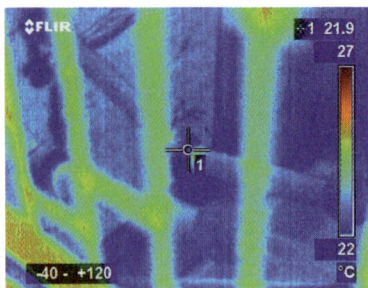

图 1-35 处理后 220kV 换流变压器
A 相 Yx 套管封堵处红外热像图

2. 异常分析与处理

测温结果显示，A 相 Yx 套管封堵处最高温度是 B、C 相最高温度的 3 倍，A 相明显存在发热缺陷。经现场检查与综合分析，发现主要是由于 A 相套管 Yx 套管封堵处金属抱箍与墙之间存在磁性金属连接，形成了回路，产生的涡流而造成的发热现象。将该缺陷消除后，在环境温度、负荷电流相同的情况下，再进行红外测温，发现三相温度均不超过 22℃，且一致性很好，其红外热像图如图 1-35 所示。

3. 预防措施

该换流变压器套管 Yx 套管封堵处发热属于技术问题，此类缺陷相对较少，但在变压器低压侧大负荷电流的穿墙套管中比较常见。一般上千安培的穿墙套管，若采用闭合的磁性材料固定，涡流发热就会比较严重，且发热温度与负荷电流成正相关关系。可采取如下预防措施：

（1）安装时，大负荷穿墙套管一般采用不锈钢或铝板密封固定，而不采用铁板密封固定，若采用铁板，则一定要将铁板切割一条缝，避免涡流产生而引起发热。

（2）安装时，大负荷套管周围不能有闭合的铁圈、钢筋等磁性材料，否则会因涡流而发热。

（3）变压器投运带负荷后，要测量大负荷穿墙套管的温度，若发现温度异常，首先怀疑可能是涡流造成的，直至故障原因弄清楚、消缺为止。

（4）因涡流发热会造成较大的电能损耗，也会对套管造成安全隐患，故应尽快进行整改。

1.1.12 变压器箱体连接螺栓涡流损耗发热红外热像典型图例

1. 异常简介

2010 年 6 月 18 日下午，天气阴，环境温度为 38℃，对某 220kV 变电站设备进行红外测温时，发现 1 号变压器箱体红外热像图异常，变压器所带负荷为

100MVA（容量150MVA），其变压器110kV侧箱体连接螺栓处温度最高为54.6℃，使用钳形电流表测量该处泄漏电流为130mA，其红外热像图如图1-36所示。

随后多次对变压器进行追踪测温，发现其发热处温度与环境温度、负荷变化关系十分明显。2012年2月29日，天气阴，环境温度为5℃，当时负荷为60MVA左右，变压器箱体连接螺栓处的温度为16.8℃，其红外热像图如图1-37所示，可见光图如图1-38所示。

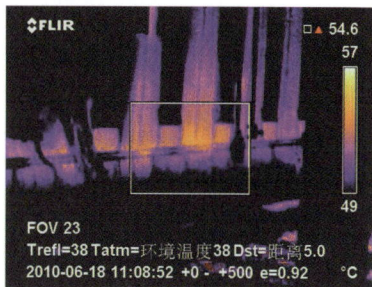

图1-36　2010年6月220kV变压器110kV侧箱体连接螺栓处红外热像图

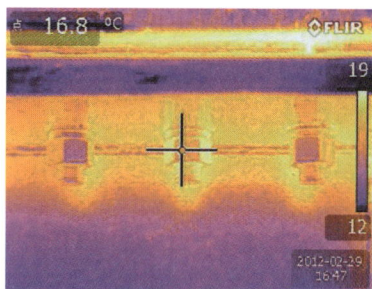

图1-37　2012年2月220kV变压器110kV侧箱体连接螺栓处红外热像图

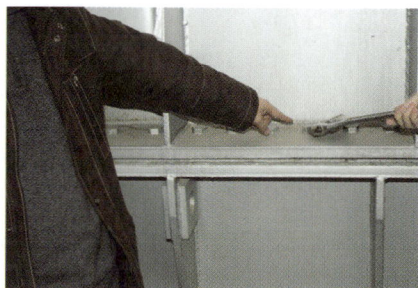

图1-38　2012年2月220kV变压器110kV侧箱体连接螺栓可见光图

2. 异常分析与处理

正常运行的变压器，有漏磁通通过油箱箱体时，若变压器的磁屏蔽出现破损、缺失、起皮等现象，则缺陷部位的漏磁通会变大，产生涡流，引起发热。一般来说，变压器漏磁通产生的涡流损耗会引起箱体局部发热，其特征是以缺陷部位为中心的红外热像图异常。通过对该异常现象进行连续跟踪和综合分析，最终确定为变压器箱体磁屏蔽层缺陷引起的发热。处理过程如图1-39所示。

（a）　　　　　　　　　　　（b）

图 1-39　处理过程可见光图

（a）使用钳形电流表测量该处泄漏电流；（b）利用红外热像仪对此处测温

用硅钢片将螺栓上下短接进行磁屏蔽，如图 1-40 所示。

治理后螺栓温度为 15℃，其红外热像图如图 1-41 所示。

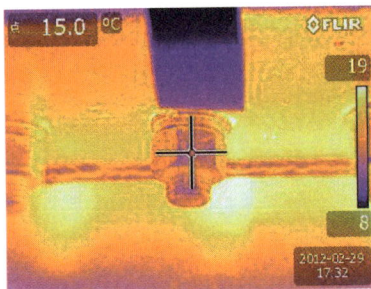

图 1-40　用硅钢片将螺栓上下短接　　图 1-41　处理后 220kV 变压器

进行磁屏蔽可见光图　　　　110kV 侧箱体连接螺栓处红外热像图

3. 预防措施

（1）定期或不定期对变压器连接螺栓进行红外测温，注意红外热像图的变化，发现异常及时向管理部门汇报。

（2）缩短变压器油色谱分析周期，跟踪油中气体成分变化情况，及时发现异常。

（3）根据检查结果修复磁屏蔽层，防止长期过热加速绝缘老化。

1.1.13 变压器散热片缺油异常红外热像典型图例

1. 异常简介

2013 年 7 月 3 日晚上，天气多云，环境温度为 32℃，对某 110kV 变电站设备进行红外测温时，发现 1 号变压器南侧第五组散热片红外热像图异常，温度与环境温度相同，相邻的其他散热片温度均在 50℃左右，此时负荷为 21.95MW（容量为 40MVA），其红外热像图如图 1-42 所示。

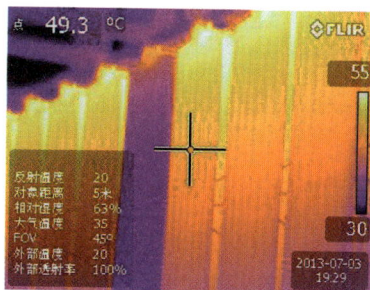

图 1-42 变压器第五组散热片
红外热像图

2. 异常分析与处理

从图 1-42 可以清晰地看出，变压器南侧第五组散热片因未进行正常的变压器油流循环，才与其他散热片温差较大。经仔细检查，发现南侧第五组散热片蝶阀未打开，该散热片内无变压器油，不能起到应有的散热效果。夏、冬季高峰负荷来临时，将影响变压器的带负荷能力。

3. 预防措施

变压器散热片蝶阀未打开比较常见，主要是由于安装、验收不细心造成的，变压器散热片不能起到应有效果将影响变压器的带负荷能力。可采取如下预防措施：

（1）对变压器停电后打开该处散热片蝶阀，使变压器油进入该散热片，并注意观察变压器储油柜油位，防止油位降至标准以下，并注意做好散热片注油后的排气工作。

（2）安装环节应进一步规范，验收把关应细心，杜绝此类现象发生。

（3）运行人员注意监视变压器散热片油温变化，发现异常及时向管理部门汇报。

（4）气温高、负荷大时，适当增加对该变压器的测温次数，及时发现异常。

1.1.14　换流变压器套管升高座紧固螺栓发热红外热像典型图例

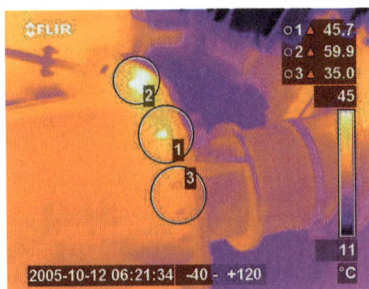

图1-43　换流变压器套管升高座
紧固螺栓处红外热像图

1. 异常简介

2005年10月12日早晨，天气多云，环境温度为15℃，在对某换流站变压器进行红外测温时，发现500kV 1号变压器套管升高座紧固螺栓温度偏高，最高温度为59.9℃，当时负荷电流为1000A，其红外热像图如图1-43所示。

2. 异常分析与处理

从红外热像图来看，套管升高座个别紧固螺栓温度异常，温度较高的螺栓，怀疑可能是紧固不到位造成的。分析其原因，主要是大型变压器不同部位有电位差，套管与器身通过螺栓连接，螺栓有电流通过，再加上漏磁通产生的涡流损耗，如果螺栓紧固不到位，接触电阻增大，就会导致螺栓发热。对螺栓进行紧固处理后，红外测温时温度恢复正常。

3. 预防措施

换流变压器套管升高座紧固螺栓发热缺陷比较少见，主要是施工质量不良造成的。这类缺陷只要能够及时发现，一般不会造成严重后果，但会加速绝缘垫老化，引起变压器渗漏油。这类缺陷非常少见，管理人员验收时一般不会抽检套管升高座螺栓紧固情况，该缺陷提醒管理人员验收时必须全面验收，即使是最放心的地方，也不能放过，必须进行验收抽检。可采取如下预防措施：

（1）管理人员要把好验收关，确保套管升高座紧固螺栓全部紧固到位。

（2）对施工人员进行责任心教育，对施工质量实行责任追究，并进行严格考核。

（3）对变压器进行红外测温时，要全方位测量，不能留任何测温死角，这样做可以弥补施工不良、验收不细之不足。

1.1.15　磁屏蔽缺陷引发 500kV 三相一体变压器发热红外热像典型图例

1. 异常简介

2011 年 8 月 10 日晚，天气晴，环境温度为 27℃，对某 500kV 变电站新投运的三相一体变压器进行红外测温时，发现 2 号变压器箱体红外热像图异常，变压器所带负荷为 400MVA（容量 1000 MVA），其高压侧套管 B 相下方箱体温度最高为 59.44℃，箱体其他个别地方也有不同程度的温度异常，其红外热像图如图 1–44 所示。中、低压侧箱体有两处温度明显异常，最高温度达 64.26℃，其红外热像图如图 1–45 所示。

图 1–44　变压器高压侧箱体
红外热像图

图 1–45　变压器中、低压侧箱体
红外热像图

随后多次对变压器进行追踪测温，发现其发热处的温度与环境温度、负荷变化关系不十分密切。再用钳形电流表进行测量，发现各处的漏电流大小不一，如图 1–46、图 1–47 所示。

图 1–46　钳形电流表接近箱体
直接测量图

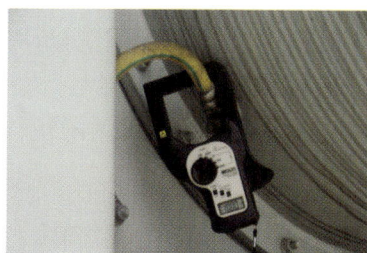

图 1–47　钳形电流表对连接线
测量图

钳形电流表直接接近箱体进行测量，红外测温温度高的地方，电流值较大，最大可达 12mA，温度低的地方，电流值为 0 ~ 2mA。钳形电流表卡住连接线进行测量，红外测温温度高的地方，电流值较大，最大可达 1000mA，温度低的地方，电流值大部分为 119mA。

　　2. 异常分析与处理

　　该变压器投运三天后对其进行红外测温，发现箱体温度局部异常。根据红外热像图的特征，判断可能是变压器制造时磁屏蔽不良引起的。后经多次测温，以缺陷部位为中心的红外热像图变化不大，证实了当初的判断，尤其是经过钳形电流表测量验证，温度较高的地方，漏磁电流较大，进一步确定是磁屏蔽问题。经与制造厂家联系，他们也承认是变压器磁屏蔽出现问题。

　　一般来说，正常运行的变压器，也会有漏磁通，但很小，不足以引起变压器箱体局部发热。对该台新投运的 500kV 变压器进行连续跟踪和综合分析，发现变压器箱体磁屏蔽层缺陷引起的发热没有进一步发展，可以继续运行。

　　3. 预防措施

　　变压器漏磁大不是常见缺陷，尤其是新生产的 500kV 变压器，更是比较少见。该三相一体变压器，在国内运行较少，一则说明可能是设计上不够完善，二则说明生产厂家质量把关不严、工艺较差。变压器磁屏蔽不良，可以引起箱体局部过热，加速变压器绝缘老化。由于很难在现场处理该变压器的磁屏蔽缺陷，因此，只能适当加强测量次数，确保变压器安全运行。可采取如下预防措施：

　　（1）对该变压器增加红外检测次数，只要红外热像图变化不大，检测周期可以适当延长。

　　（2）适当缩短变压器油色谱分析周期，跟踪油中气体成分变化情况，及时发现异常。

　　（3）一旦发现红外热像图有变化，应引起高度重视，增加红外测温、油色谱分析次数。

　　（4）加强对其他新变压器的监造，防止此类缺陷再次发生。

　　（5）运行人员巡视时，不定期用钳形电流表进行电流测量，发现异常，及时进行红外测温鉴定。

1.2 隔 离 开 关

隔离开关需要重点检测的电气设备部位及常见故障类型，见表1–2。

表1–2　　　　隔离开关需要重点检测的电气设备部位及常见故障类型

重点检测部位	常见故障类型
动静触头、线夹、接线座	合闸位置不当；导电组件装配不当；压接质量差

隔离开关主要发热象征为：以动/静触头、设备线夹、接线座为中心的红外热像图。

1.2.1　隔离开关刀闸口处发热红外热像典型图例

1.异常简介

某日对220kV某变电站设备进行红外热像时，发现多处隔离开关刀闸口部位红外热像图异常，通过连续跟踪红外热像，观察其发热规律。

（1）110kV母线侧隔离开关A相刀闸口发热，温度为121℃，热像时环境温度为20℃，负荷为35MVA，其红外热像图如图1–48所示。

改变运行方式后，该110kV隔离开关温度已降至正常温度，热像时环境温度为20℃，负荷为零，其红外热像图如图1–49所示。

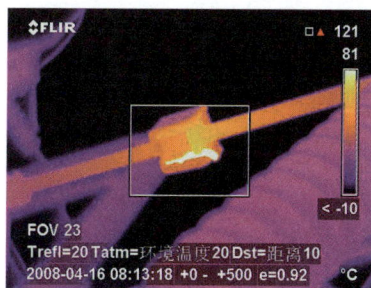

图1–48　隔离开关刀闸口处红外
热像图

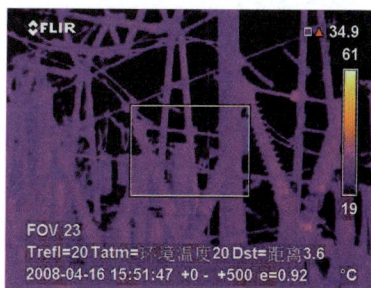

图1–49　改变运行方式后隔离开关
刀闸口处红外热像图

检修后，热像时环境温度为31℃，负荷为35MVA，A相刀闸口处温度为42.8℃，其红外图像如图1-50所示，可见光图如图1-51所示。

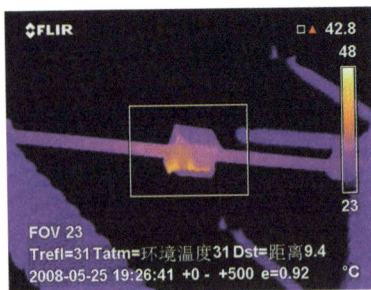

图1-50　检修后隔离开关刀闸口处
红外热像图

图1-51　110kV隔离开关可见光图

（2）110kV线路侧隔离开关刀闸口处第一次热像B相温度为71.9℃、C相温度为94.1℃，热像时环境温度为31℃，负荷为55MVA，其红外热像图如图1-52所示。

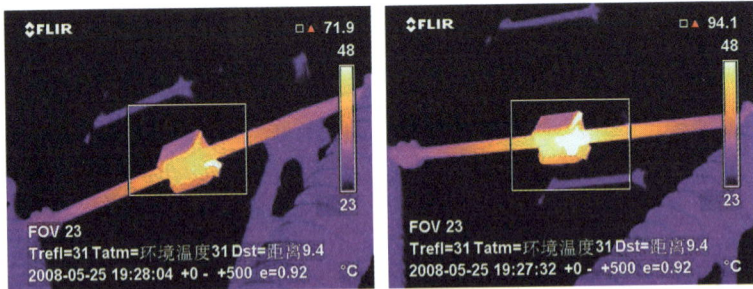

图1-52　隔离开关刀闸口处红外热像图

随后对其进行跟踪测温，该隔离开关刀闸口处B相温度为84.5℃、C相温度为126℃，缺陷呈现严重趋势，热像时环境温度为31℃，负荷为55MVA，其红外图像如图1-53所示，检修后三相整体可见光图如图1-54所示。

（a）

（b）

（c）

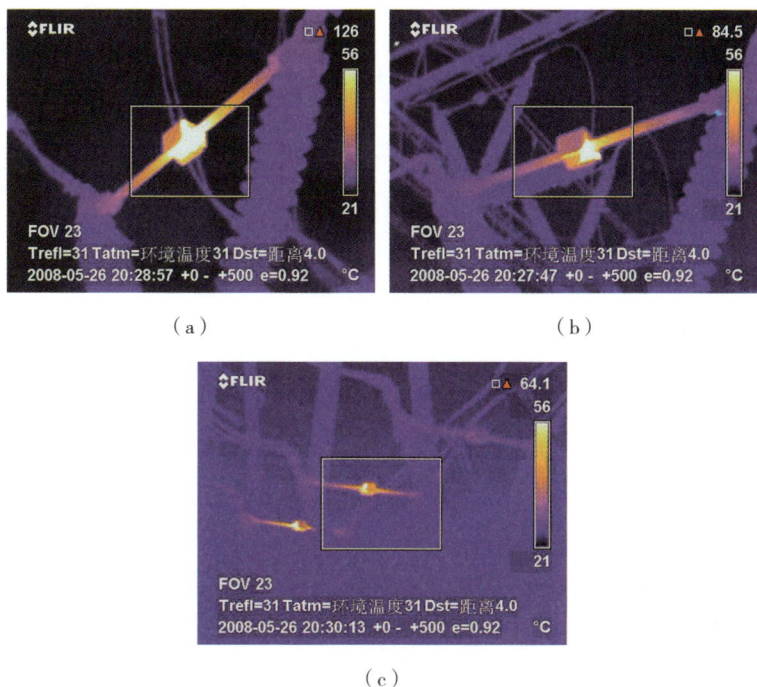

图 1-53　隔离开关刀闸口处红外热像图
（a）C 相；（b）B 相；（c）三相整体

2. 异常分析与处理

该变电站 110kV 和 35kV 隔离开关均为老型号产品，在长期运行过程中，夹紧弹簧锈蚀严重，弹簧变松，且触头接触不良，长期氧化腐蚀，运行中发热。热像测温时应注意观测位置对测温精度的影响，如图 1-55 所示，在观测距离较远时（10m），某 35kV 隔离开关三相红外热像图 B 相最高点温度为 160℃，如图 1-56 所示，在观测距离较近时（2m），某 35kV 隔离开关三相红外热像图 B 相最高点温度为 211℃，热像时环境温度为 20℃，负荷为 8MVA。

图 1-54　检修后 110kV 隔离开关
三相整体可见光图

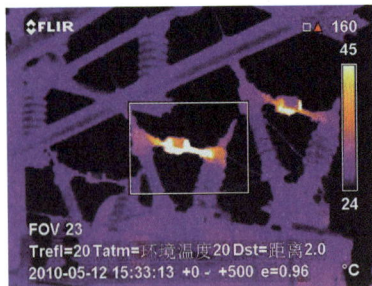

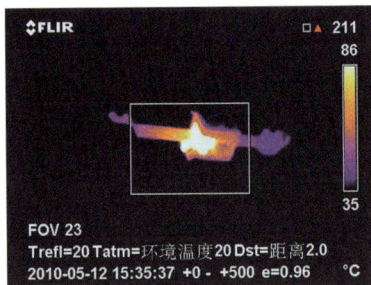

图 1-55　隔离开关刀闸口处红外　　　图 1-56　隔离开关刀闸口处红外
热像图（观测距离较远）　　　　　　热像图（近距热像）

3. 预防措施

（1）更换隔离开关左、右装配，加润滑脂并调整；更换后，检查夹紧弹簧，确保触头与触指接触紧密，合闸到位。

（2）对于传动轴较长的隔离开关，可将操作把手由 90°改为 180°，加大操作把手行程，降低操作阻力，易于操作到位。

（3）运行中定期对隔离开关进行红外热像，及时发现异常。

1.2.2　隔离开关线夹处发热红外热像典型图例

1. 异常简介

2008 年 5 月 10 日，天气晴好，对 220kV 某变电站设备进行红外热像时，发现该变电站 35kV 隔离开关线夹发热，红外象征异常，通过连续开展红外跟踪热像，观察其发热规律。以下为该隔离开关较为典型的几组红外热像图片。

（1）热像时环境温度为 20℃，负荷为 15MVA，35kV 南隔离开关 B 相设备线夹（开关侧）最高点温度为 118℃，其红外热像图如图 1-57 所示。

（2）热像时环境温度为 35℃，负荷为 16MVA，35kV 南隔离开关 B 相设备线夹（开关侧）最高点温度为 149℃，其红外热像图如图 1-58 所示。

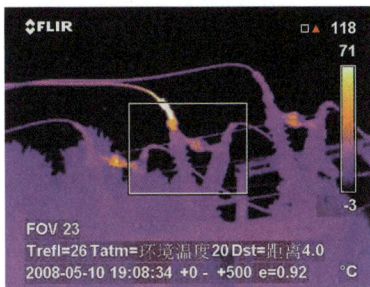

图1-57　隔离开关B相设备线夹处
红外热像图（环境温度为20℃，
负荷为15MVA）

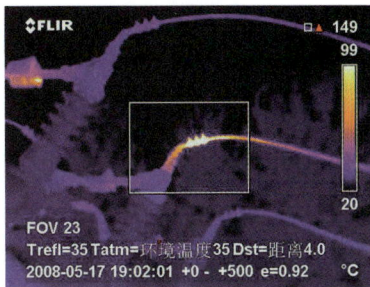

图1-58　隔离开关B相设备线夹处
红外热像图（环境温度为35℃，
负荷为16MVA）

（3）热像时环境温度为31℃，负荷为12MVA，35kV南隔离开关B相设备线夹（开关侧）最高点温度为101℃，其红外热像图如图1-59所示。

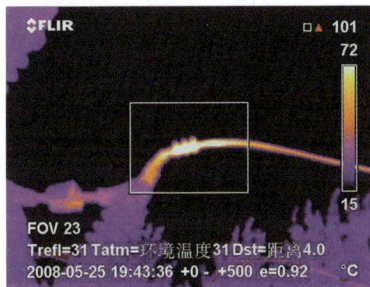

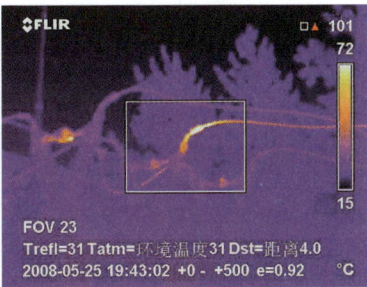

图1-59　隔离开关B相设备线夹处红外热像图（环境温度为31℃，负荷为12MVA）

（4）热像时环境温度为31℃，负荷为16MVA，35kV南隔离开关B相设备线夹（开关侧）最高点温度为146℃，其红外热像图如图1-60所示。

2.异常分析与处理

该35kV隔离开关引出线夹采用螺栓连接，螺栓连接处依靠6个紧固螺栓固定，在长期大负荷、大电流作用下，极易造成氧化、松动、发热及放电等问题，严重时会造成线夹断裂。

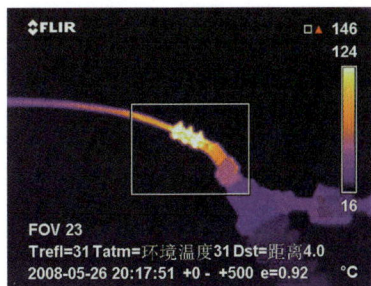

图1-60　隔离开关B相设备线夹处
红外热像图（环境温度为31℃，负
荷为16MVA）

发热温度受环境温度、负荷影响很大；此外，隔离开关的不当操作，对导电压板产生应力过大；导电压板材质差等也是造成压板断裂的主要原因，隔离开关设备线夹断裂可见光图如图1-61所示。

检修后更换为液压压接线夹，彻底根治了此类缺陷，如图1-62所示。

图1-61　隔离开关设备线夹断裂可见光图　　　图1-62　35kV南隔离开关更换连接线夹后可见光图

3. 预防措施

（1）改进施工工艺，将设备线夹改为压接型。

（2）隔离开关安装或检修后，应测量连接处的导电回路电阻，确保接触良好。

（3）运行中定期对隔离开关进行红外热像，及时发现异常。

1.2.3　35kV隔离开关设备线夹连接板发热红外热像典型图例

1. 异常简介

某日，对110kV某变电站设备进行红外热像时，发现某35kV隔离开关设备线夹连接板发热，温度达170℃，热像时环境温度为32℃，负荷电流为190A，其红外热像图如图1-63、图1-64所示。

2. 异常分析

通过红外热像图片，可以清晰地看到35kV隔离开关设备线夹连接板发热。该35kV隔离开关设备线夹连接板发热的原因有：①螺栓松动压接不紧、接触电阻过大造成发热；②产品质量问题造成此设备线夹断裂；③施工工艺不良。

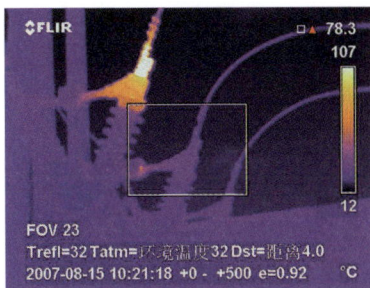

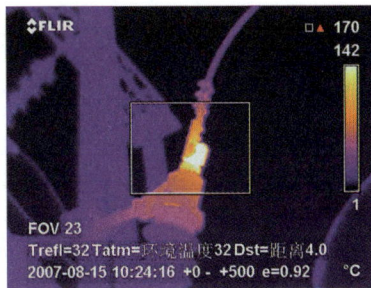

图1-63　隔离开关线夹处红外　　　　图1-64　隔离开关线夹处红外
　　　　热像图（三相）　　　　　　　　　　　热像图（C相）

3. 预防措施

（1）停电对该线夹重新压接，防止其断裂。

（2）在运行中对隔离开关线夹定期进行红外热像，及时发现异常情况。

1.2.4　电容器外甲隔离开关与铝排连接处发热红外热像典型图例

1. 异常简介

2007年8月7日，天气晴好，对220kV某变电站设备进行红外热像时，发现该变电站10kV电容器外甲隔离开关与铝排连接处发热，红外象征异常，通过连续开展红外跟踪热像，观察其发热规律。以下为选取该隔离开关较为典型的几组红外热像图。

（1）热像时环境温度为29℃，电流为420A，10kV电容器外甲隔离开关与铝排连接处C相最高点温度为68.8℃，其红外热像图如图1-65所示。

（2）热像时环境温度为37℃，电流为420A，10kV电容器外甲隔离开关与铝排连接处C相最高点温度为88.2℃，其红外热像图如图1-66所示。

图1-65　隔离开关与铝排连接处
红外热像图（环境温度为29℃）

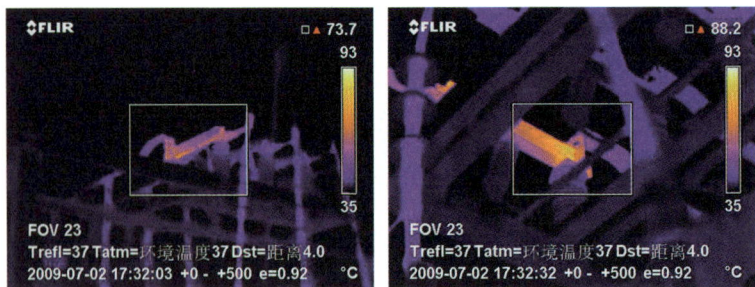

图1-66 隔离开关与铝排连接处红外热像图（环境温度为37℃）

2. 异常分析与处理

电容器间隔运行时电流为其额定电流，电流较大，该10kV隔离开关容量较小（额定电流为630A），在长期大负荷、大电流作用下，隔离开关极易造成氧化、松动、发热及放电等问题，严重时会造成线夹断裂。

图1-67 更换后隔离开关可见光图

该10kV外甲隔离开关经多次检修，发热现象难以根除，随后对该型号隔离开关进行更换，未发生发热问题，图1-67所示为更换后隔离开关可见光图。

3. 预防措施

（1）将该隔离开关更换为GW1-150W型，额定电流为1600A，增大隔离开关通过电流的能力，同时将该类型隔离开关（6台）全部更换，彻底消除这个"家族性"发热现象。

（2）隔离开关安装或检修后，保证动、静触头的接触面积，并涂导电膏，确保其接触良好。

（3）运行中定期对隔离开关进行红外热像，及时发现异常。

1.2.5 隔离开关引流线接线板处发热红外热像典型图例

1. 异常简介

某日对220kV某变电站设备进行红外热像时，发现该变电站110kV隔离开关引流线接线板处发热，红外象征异常，由于该隔离开关属于电厂联络线间隔，所以负荷相对稳定，平均保持在100MW左右，负荷较重，温度明显高于其他间隔设备。以下为选取该隔离开关较为典型的几组红外热像图。

（1）热像时环境温度为26℃，电流为510A，B相隔离开关母线侧引流线接线板处温度为73℃，C相隔离开关母线侧引流线接线板处温度为75.9℃，其红外热像图如图1-68、图1-69所示。

图1-68　B相隔离开关母线侧引流线接　　图1-69　C相隔离开关母线侧引流线
线板处红外热像图（环境温度为26℃）　　　　　接线板处红外热像图

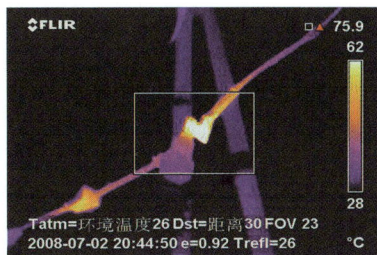

（2）热像时环境温度为12℃，电流为510A，B相隔离开关母线侧引流线接线板处温度为57.9℃，其红外热像图如图1-70所示，检修后可见光图如图1-71所示。

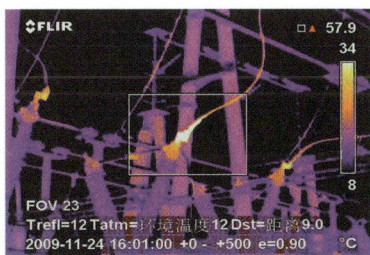

图1-70　B相隔离开关母线侧引流线接　　　　图1-71　检修后可见光图
线板处红外热像图（环境温度为12℃）

2. 异常分析

该110kV隔离开关引流线接线板处采用压接法紧固，连接相对紧密，但由于接线板连接螺栓固定不紧密，在长期大负荷、大电流作用下，也造成了隔离开关氧化、松动、发热及放电等问题。

3. 预防措施

（1）安装单位提高施工质量，三级验收要落实到位，验收单位认真把关。

（2）隔离开关安装或检修后，应测量连接处的导电回路电阻，确保其接触良好。

（3）运行中定期对隔离开关进行红外热像，及时发现异常。

1.2.6　隔离开关引线座处发热红外热像典型图例

1. 异常简介

某日对 110kV 某变电站设备进行红外热像时，发现该变电站 110kV 隔离开关引线座及导电杆发热，红外象征异常，且该隔离开关出现多处发热现象，温度明显高于其他间隔设备。以下为该隔离开关较为典型的几组红外热像图。

（1）热像时环境温度为 32℃，电流为 480A，B 相隔离开关引线座处温度为 54.9℃（观测距离较远，约 10m 处），其红外热像图如图 1-72 所示。

（2）热像时环境温度为 32℃，电流为 480A，B 相隔离开关引线座处温度为 114℃（近距离观测，约 3m 处），其红外热像图如图 1-73 所示。

（3）热像时环境温度为 32℃，电流为 480A，B 相隔离开关引线座处温度为 138℃（近距离观测，约 2m 处），其红外热像图如图 1-74 所示，图 1-75 为 110kV 线路侧隔离开关可见光图。

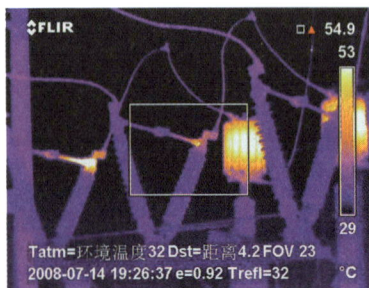

图 1-72　隔离开关引线座处红外
热像图（观测距离较远）

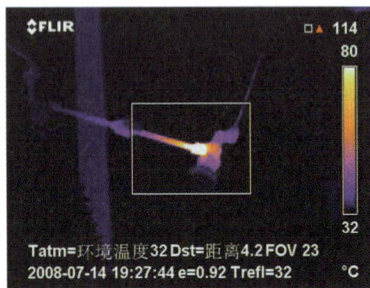

图 1-73　B 相隔离开关引线座处
红外热像图（近距离观测，约 3m 处）

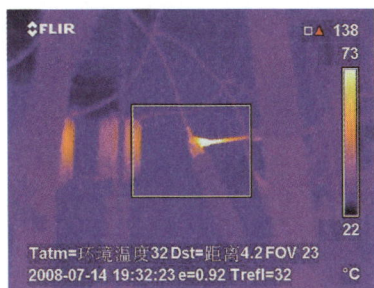

图 1-74　B 相隔离开关引线座处红外热像图（近距离观测，约 2m 处）　　图 1-75　110kV 线路侧隔离开关可见光图

（4）热像时环境温度为 27℃，电流为 320A，35kV 进线隔离开关 B 相母线侧引线座处为 116℃，其红外热像图如图 1-76 所示。

（5）热像时环境温度为 27℃，电流为 360A，35kV 进线隔离开关 B 相母线侧引线座处为 123℃，其红外热像图如图 1-77 所示，可见光图如图 1-78 所示。

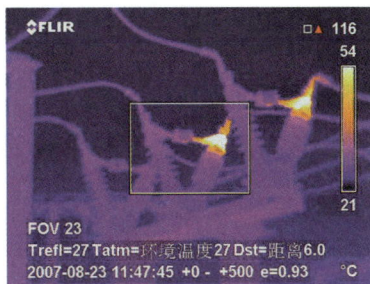

图 1-76　隔离开关 B 相母线侧引线座处红外热像图（环境温度为 27℃，电流为 320A）

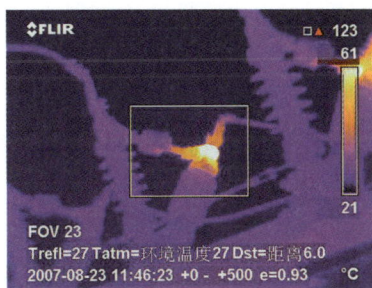

图 1-77　隔离开关 B 相母线侧引线座处红外热像图（环境温度为 27℃，电流为 360A）　　图 1-78　隔离开关 B 相母线侧引线座处可见光图

2. 异常分析

该 110kV 隔离开关引线座处采用螺栓紧固，连接相对紧密，但由于运行时

间较长（1998年投运），螺栓固定处出现氧化锈蚀、松动等现象，在长期大负荷、大电流作用下，造成发热及放电等问题，对其进行红外热像时发现，该站35kV隔离开关引线座处存在发热异常，检查发现35kV隔离开关引线座处连接不够紧密，同时，引线座内部软连接因来回扭动而造成了软连接断裂现象，影响载流能力，引起发热。

3. 预防措施

（1）安装单位提高施工质量，三级验收要落实到位，验收单位认真把关。

（2）隔离开关安装或检修后，应测量连接处的导电回路电阻，确保接触良好。

（3）运行中定期对隔离开关引线座进行红外热像，及时发现异常。

（4）加强操动机构及隔离开关转动部分的维护，保持其灵活性，减少因操作而造成的机械冲力。

1.2.7　隔离开关静触头铝排连接处发热红外热像典型图例

1. 异常简介

2007年8月15日，对110kV某变电站设备进行红外热像时，发现该站10kV进线母线侧隔离开关静触头处发热，红外象征异常，但最高温度仅为67.2℃，环境温度为32℃，电流为820A，2009年两次对该110kV某变电站设备进行红外热像时，发现该处发热已持续增长，红外象征异常，最高温度已达到94.6℃，环境温度为12℃，电流为760A。以下为隔离开关较为典型的几组不同时段的红外热像图。

（1）热像时环境温度为32℃，电流为820A，10kV进线母线侧隔离开关的最高温度为61.7 ~ 67.2℃，其红外热像图如图1-79所示。

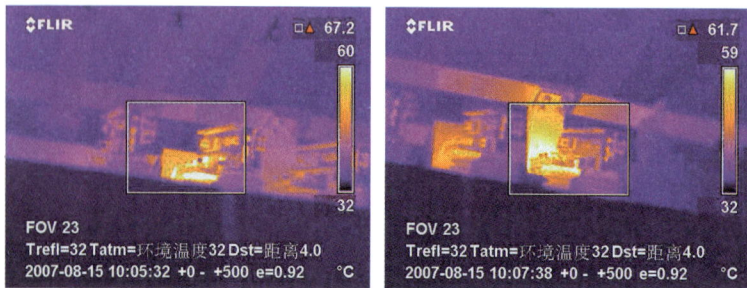

图1-79　室内隔离开关静触头处红外热像图（环境温度为32℃）

（2）热像时环境温度为 23℃，电流为 760A，10kV 进线母线侧隔离开关的最高温度为 75.8℃，其红外热像图如图 1-80 所示。

（3）热像时环境温度为 12℃，电流为 760A，10kV 进线母线侧隔离开关的最高温度为 94.6℃，其红外热像图如图 1-81 所示。

图 1-80　室内隔离开关静触头处
红外热像图（环境温度为 23℃）

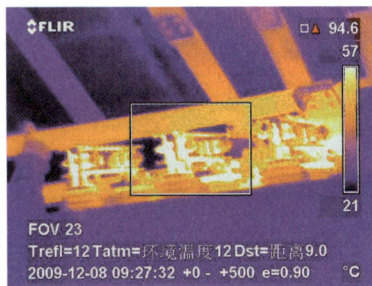

图 1-81　室内隔离开关静触头处
红外热像图（环境温度为 12℃）

2. 异常分析

经检查发现，该隔离开关动触头开口处紧固螺栓松动，动、静触头接触不良，在长期大负荷、大电流作用下，造成氧化、松动、发热及放电等问题。

图 1-82　10kV 进线隔离开关更换后图

3. 预防措施

（1）当隔离开关选形时应考虑动、静触头接触面，如图 1-82 所示，将该静触头接触处改为"T"形，确保其有效接触面积。

（2）隔离开关安装后，应检查其操作灵活性和压紧弹簧的压紧程度，必要时要测量隔离开关的回路电阻。

（3）运行中定期对隔离开关进行红外热像，以及时发现异常。

1.3 断 路 器

断路器需要重点检测的电气设备部位及常见故障类型，见表1–3。

表1–3 断路器需要重点检测的电气设备部位

重点检测部位	常见故障类型
外部接线夹	外部连接件接触不良
内部触头部分	动、静触头，中间触头及静触头座接触不良

断路器主要发热象征如下：

（1）外部连接件接触不良。热像特征是一个以发热点为中心的热谱图，可根据相对温差判断法和比较法的有关判据来判断。

（2）内部连接件接触不良。它指封闭在断路器内部的动、静触头，中间触头及静触头座接触不良。

1）少油断路器内部触头接触不良。少油断路器进行相间比较时，相间温差不应大于10℃。为便于掌握少油断路器内部的温度情况，可参考表1–4的内外部温差参考值。

表1–4 少油断路器内外部温差参考值

电压（kV）	温差（K）		
	动、静触头与顶帽间	中间触头与法兰间	基座连接与顶帽间
6 ~ 10	30 ~ 40	20 ~ 30	20 ~ 30
35	40 ~ 50	30 ~ 40	30 ~ 40
110 ~ 220	50 ~ 70	40 ~ 60	40 ~ 60

a. 动、静触头接触不良。是指动、静触头间的接触电阻过大，引起发热，其热像是一个以顶帽下部为最高温度的热谱图，以 T_1 表示顶帽的最高温度，T_2 表示瓷套外表的温度，T_3 表示瓷套下法兰的温度，则有 $T_1 > T_3 > T_2$，据此可定位缺陷部位在动、静触头处。

b. 中间触头接触不良。是指中间触头的接触电阻过大，引起发热，其热像是一个以下部瓷套基座法兰为最高温度的热谱图，有 $T_1 > T_3 > T_2$，据此可定位缺陷部位在中间触头处。

c. 静触头基座接触不良。是指静触头基座与铝帽内台面接触不良而引起的发热，其热像是一个以顶帽中部为最高温度的热谱图，有 $T_1 > T_3 > T_2$，并且 T_3 与 T_2 接近，据此可定位缺陷部位在静触头基座处。

少油断路器内部缺陷性质的判断：①当内部元件温度（表面温度加内外温差参考值）超过附录 A 的规定时应定为严重缺陷；②根据表面温度算出相对温差值进行判断。

2）多油断路器内部触头接触不良。它是指断路器内部的触头接触电阻过大，引起发热。其热像特征是箱体上部油面处温度较高，且温度从上而下是递减的。进行相间比较时，油箱外表的相间温差不应大于2℃。

3）其他断路器可参照有关规定执行。例如，SF_6 断路器和真空断路器可参照相对温差判断法的规定执行。

1.3.1　多油断路器本体发热红外热像典型图例

1. 异常简介

某日对 220kV 某变电站设备进行红外热像时，发现该变电站 35kV 母联断路器红外象征异常，C 相最高温度为 33.7℃，B 相最高温度为 28.5℃，相间温差为 5.2℃，环境温度为 20℃，电流为 200A，图 1-83 ~ 图 1-85 为该断路器较为典型的几组红外热像图。

图 1-83　35kV 母联断路器 C 相本体红外热像图　　图 1-84　35kV 母联断路器 B 相本体红外热像图

2. 异常分析

从红外热像图上分析得知，C 相最高温度为 33.7℃，B 相最高温度为 28.5℃，相间温差为 5.2℃，国家的相关规定中指出，多油断路器油箱外表的相间温差不应大于 2℃，该断路器温差已超过规程所规定的数值，因此判断其故障为"断路器 C 相内部触头接触不良发热或内置互感器故障"。

经检修人员现场试验后，红外热像图结论被认可。由于多油断路器是被逐步淘汰的产品，因此将该断路器更换为 SF_6 断路器，图 1-86 为更换后的 35kV 母联断路器可见光图。

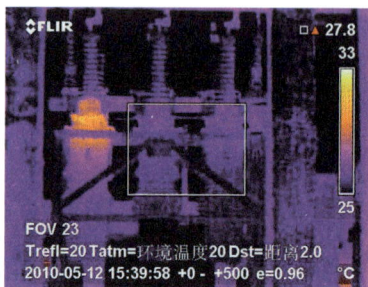

图 1-85　35kV 母联断路器 A、B 相本体红外热像图

图 1-86　更换后的 35kV 母联断路器可见光图

3. 预防措施

（1）对运行多年的多油断路器进行排查，缩短预试周期，加强监测。

（2）断路器安装或检修后，应测量其连接处的导电回路电阻，确保其接触良好。

（3）运行中定期对断路器进行红外热像，及时发现异常。

1.3.2　SF_6 断路器本体发热红外热像典型图例

1. 异常简介

某日对 110kV 某变电站设备进行红外热像时，发现该变电站 110kV 变压器 35kV 侧断路器红外象征异常，在环境温度为 20℃，电流为 170A 时，B 相最高温度为 35℃，A、C 相最高温度为 23℃，相间温差为 12℃（图 1-87 为该断路器较为典型的几个红外热像图）。随即要求运行人员加强监测，一段时间之后，该断路器在运行中发生内部放电、B相接地事故，造成设备损坏，图1-88为35kV断路器本体可见光图。

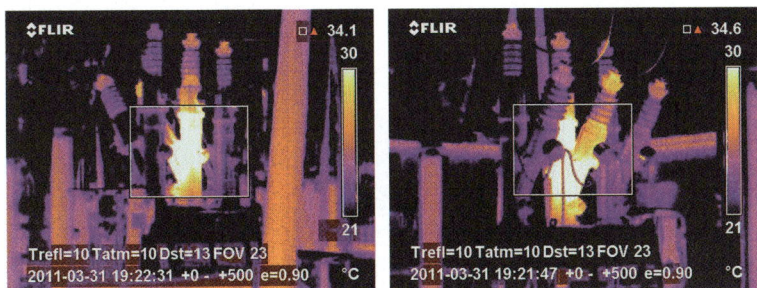

图1-87　35kV断路器本体发热红外热像图

2. 异常分析与处理

通过红外图像软件分析，B相最高温度为35℃，A、C相最高温度为23℃，相间温差为12℃，国家的相关规定中指出，SF$_6$断路器本体外表的相间温差不应大于10K，该断路器温差已超过规程规定，因此判断其故障为"断路器B相内部触头接触不良发热故障"。

图1-88　35kV断路器本体可见光图

图1-89～图1-92为检修人员现场对该断路器B相进行解体检修的图。

图1-89　将B相断路器进行解体图

图1-90　B相断路器灭弧室击穿损坏图（一）

图 1-91 B 相断路器灭弧室击穿
损坏图（二）

图 1-92 更换后的 B 相断路器
灭弧室图

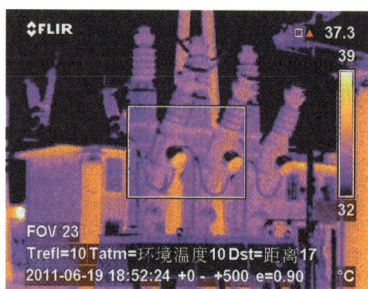

图 1-93 35kV 断路器更换后本体
红外热像图

断路器更换后红外热像图中显示三相无温差，环境温度为 20℃，电流为 170A，图 1-93 为该断路器更换后的本体红外热像图。

3. 预防措施

（1）对红外热像异常的 SF$_6$ 断路器应立即安排相关高压试验，加强监测。

（2）断路器安装或检修后，应测量其连接处的导电回路电阻，确保接触良好。

（3）运行中定期对断路器进行红外热像，及时发现异常。

1.3.3 断路器线夹处发热红外热像典型图例

1. 异常简介

2008 年 7 月 14 日，天气晴好，对 110kV 某变电站设备进行红外热像时，发现该站 110kV 和 35kV 断路器线夹处发热，红外象征异常，通过连续开展红外跟踪热像，观察其发热规律。以下为 110kV 断路器较为典型的几组红外热像图。

（1）热像时环境温度为 32℃，电流为 120A，110kV 断路器 A 相上接线板处温度为 64.4℃，其红外热像图如图 1-94 所示。

（2）热像时环境温度为 32℃，电流为 120A，该 110kV 断路器正常相 B 相下接线板处温度为 36.4℃，其红外热像图如图 1-95 所示。

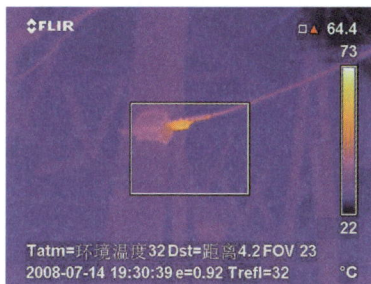

图 1-94　110kV 断路器线夹处发热
红外热像图

图 1-95　110kV 断路器线夹处正常相
红外热像图

（3）热像时环境温度为 12℃，电流为 160A，110kV 断路器 A 相下接线板处温度为 47.8℃，对比该 110kV 断路器正常相 B 相下接线板处 16.6℃，其红外热像图如图 1-96 所示，可见光图如图 1-97 所示。

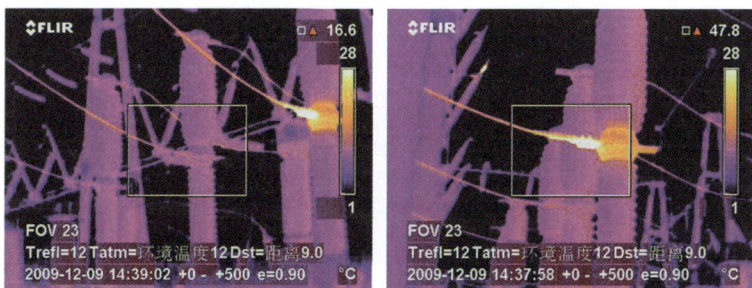

图 1-96　110kV 断路器线夹处正常相与发热相对比红外热像图

该变电站 35kV 断路器引出线夹采用螺栓连接，以下为其较为典型的几组红外热像图。

（1）热像时环境温度为 20℃，电流为 280A，35kV 断路器（变压器侧）B 相温度为 85℃、C 相温度为 102℃，其红外热像图如图 1-98 所示，图 1-99 为 35kV 断路器可见光图。

图1-97　110kV断路器可见光图

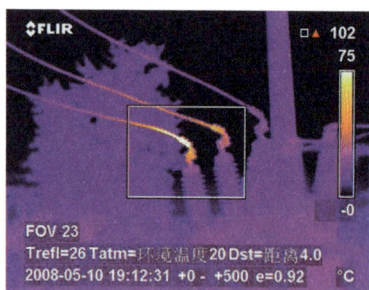

图1-98　35kV断路器线夹处发热
红外热像图（环境温度为20℃）

图1-99　35kV断路器可见光图

（2）热像时环境温度为35℃，电流为280A，35kV断路器（变压器侧）B相温度为110℃、C相温度为139℃，其红外热像图如图1-100所示。

（3）热像时环境温度为31℃，电流为320A，35kV断路器（变压器侧）B相温度为125℃、C相温度为130℃，其红外热像图如图1-101所示。

2. 异常分析

该 110kV 断路器引出线夹螺栓固定不紧密，该 35kV 断路器引出线夹采用螺栓连接，螺栓连接处全部依靠 6 个紧固螺栓固定，在长期大负荷、大电流作用下，造成氧化、松动、发热及放电等问题。

图 1-100　35kV 断路器线夹处发热红外热像图（环境温度为 35℃）

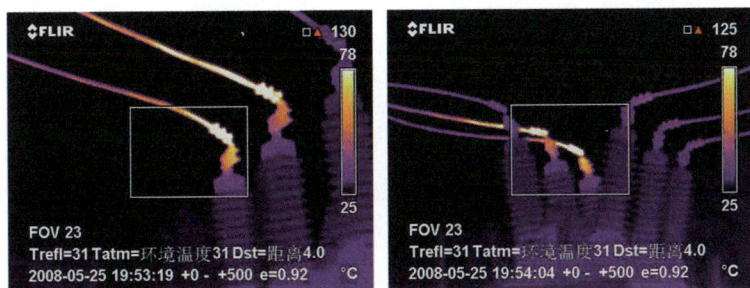

图 1-101　35kV 断路器线夹处发热红外热像图（环境温度为 31℃）

3. 预防措施

（1）安装单位提高施工质量，三级验收要落实到位，验收单位认真把关。

（2）断路器安装或检修后，应测量其连接处的导电回路电阻，确保接触良好。

（3）运行中定期对断路器进行红外热像，及时发现异常。

（4）改进施工工艺，将设备线夹改为压接型连接。

1.3.4　断路器引线座处发热红外热像典型图例

1. 异常简介

2007 年 5 月 21 日，天气晴好，对 110kV 某变电站设备进行红外热像时，发现该站 35kV 断路器引线座处发热，红外象征异常，但最高温度仅为 60.1℃，环境温度为 32℃，电流为 360A。通过连续开展红外跟踪热像，观察其发热规律，2008 年某日对该 110kV 某变电站进行红外热像时，发现该变电站 35kV 断路器引线座处发热已持续增长，红外象征异常，最高温度已达到 85.9℃，环境温度为 26℃，电流为 360A。以下为 35kV 断路器较为典型的几组红外热像图。

（1）热像时环境温度为 32℃，电流为 360A，35kV 断路器引线座处发热温度为 60.1℃，其红外热像图如图 1-102 所示。

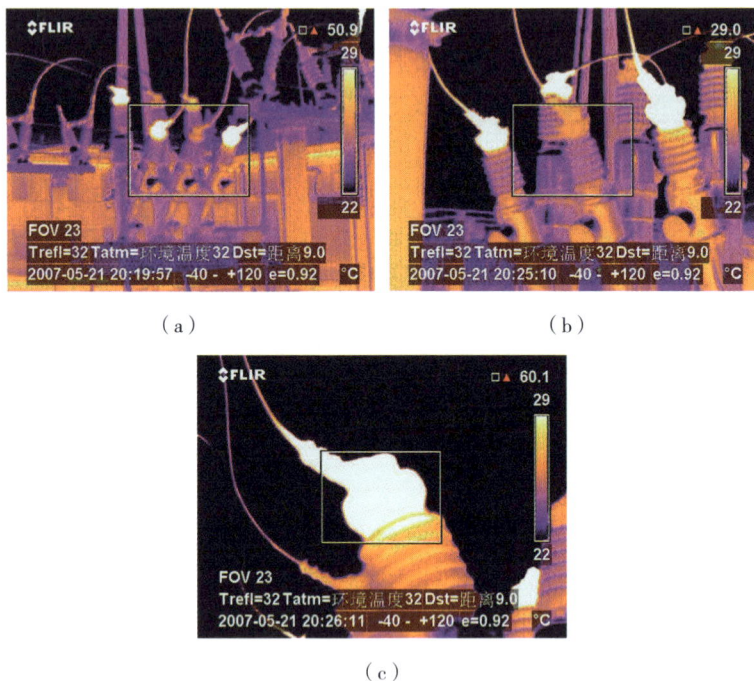

（a）　　　　　　　　　　　　　　（b）

（c）

图 1-102　35kV 断路器引线座处发热红外热像图
（a）侧面三相整体红外热像图；（b）正面三相整体红外热像图；（c）C 相引线座红外热像图

（2）在上述情况下的一年后，热像时环境温度为 26℃，电流为 360A，35kV 断路器引线座处 A 相发热温度为 85.9℃，C 相发热温度为 81.7℃，其红外热像图如图 1-103 所示。

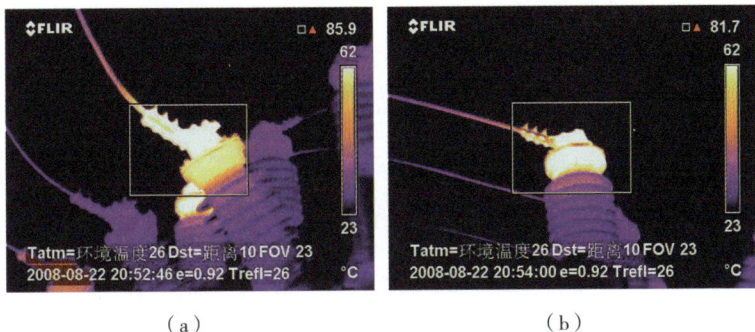

图 1–103　35kV 断路器引线座处发热红外热像图（一年后）

（a）A 相引线座（温度为 85.9℃）；（b）C 相引线座（温度为 81.7℃）

2. 异常分析与处理

该 35kV 断路器引出线夹采用螺栓连接，螺栓连接处全部依靠 6 个紧固螺栓固定，在长期大负荷、大电流作用下，极易造成氧化、松动、发热及放电等问题。检修后的 35kV 断路器如图 1–104 所示，可明显看到引线座处连接线夹已由螺栓型改为压接型。

3. 预防措施

（1）改进施工工艺，将螺栓型连接改为压接型连接。

图 1–104　35kV 断路器可见光图

（2）断路器安装或检修后，应测量其连接处的导电回路电阻，确保接触良好。

1.4 电流互感器

电流互感器需要重点检测的电气设备部位，见表1-5。

表1-5　　　　　　　　电流互感器需要重点检测的电气设备部位

电流互感器	本体	缺油外壳发热
	顶部接线端	内部连接件接触不良，表现在出线头或顶部油位处

电流互感器主要发热象征如下：

（1）内部损耗异常。电流互感器的储油柜表面温升及相间温差不得超过表1-6的规定，必要时可配合色谱及电气试验结果综合分析。

表1-6　　　　　　　　电流互感器允许的最大温升和相间温差值

电压等级（kV）	表面最大温升（K）	相间温差（K）
6 ~ 10	—	4.0
35 ~ 66	4.0	1.2
110	4.0	1.2
220 ~ 500	4.5	1.4

（2）内部连接件接触不良。其热像特征是以接触不良处为中心的红外热像图，最高温度在出线头或顶部油面处。这类缺陷的性质可用相对温差判断法的规定确定。电流互感器内部连接件接触不良时，内外部的温差为 30 ~ 45℃，为了保证内部温度不大于附录 A 的规定，油浸式互感器的表面温度应限制在 55℃ 以下。

（3）外部连接件接触不良。接头处相对温差可根据表1-7进行判断。

（4）缺油。

（5）外壳发热。某些设计制造不合理的干式电流互感器用导磁材料做外壳，而且没有采取限制磁通的措施，因涡流损耗大而发热。

表1-7接头处相对温差的判据

设备类型	相对温度差值（％）		
	一般缺陷	严重缺陷	视同紧急缺陷
电流互感器接头处	≥35	≥80	≥95

1.4.1 电流互感器外部连接部件接触不良发热红外热像典型图例

1. 异常简介

2008年5月10日19：05左右，天气晴好，对220kV某变电站设备进行红外热像时，发现该变电站110kV电流互感器外部连接部件接触不良，温度最高处达109℃，热像时环境温度为20℃，负荷电流为98A。

2. 异常分析

随后对该变电站异常设备进行了连续跟踪热像测温，在2009年又发现该变电站另外一组110kV电流互感器温度异常，同样是外部连接部件接触不良造成发热。以下是电流互感器几组典型的红外热像图。

（1）热像时环境温度为20℃，电流为98A，电流互感器外部连接线夹（断路器侧）处发热温度为109℃，其红外热像图如图1-105所示，图1-106为电流互感器可见光图。

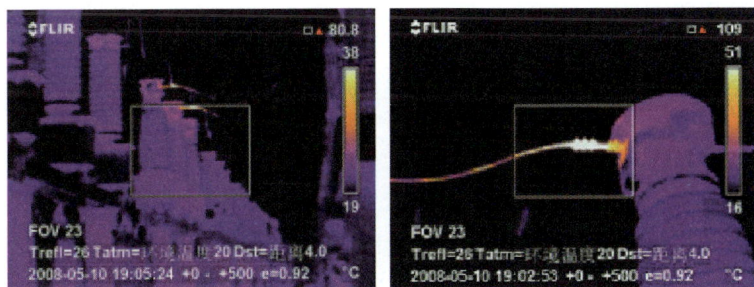

图1-105　电流互感器外部连接线夹发热红外热像图

图 1-106　电流互感器可见光图

（2）热像时环境温度为 20℃，电流为 76A，电流互感器外部连接线夹（断路器侧）处发热温度为 48.8℃，其红外热像图如图 1-107 所示，图 1-108 为检修后红外热像图，温度为 30.3℃。

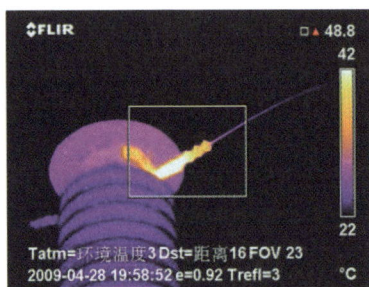

图 1-107　电流互感器 B 相外部
连接线夹发热红外热像图

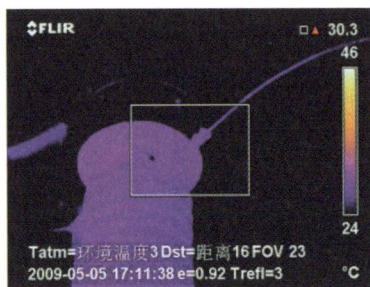

图 1-108　电流互感器 B 相外部
连接线夹正常时红外热像图

3. 预防措施

（1）对该电流互感器线夹处接触电阻过大的情况进行及时处理，防止该处线夹烧断。

（2）对线夹接触面进行打磨，并涂导电膏。

（3）该线夹接头应改为压接线夹，使其抗氧化能力增强、减小接触电阻。

（4）在运行中需定期对电流互感器进行红外热像，及时发现异常。

1.4.2 电流互感器变比接线板（串并联连接线）发热红外热像典型图例

1. 异常简介

2011 年 4 月 26 日 10：15 左右，天气晴好，对 110kV 某变电站设备进行红外热像时，发现该变电站 110kV 电流互感器变比接线板接触不良，温度达 54℃，热像时环境温度为 16℃，负荷电流为 140A，其红外热像图如图 1–109 所示。

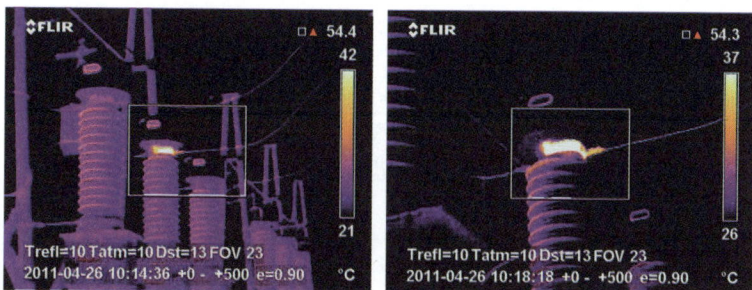

图 1–109　电流互感器变比接线板发热红外热像图

2. 异常分析

通过红外热像图，可以清晰地看到该电流互感器变比接线板发热，此故障是由于电流互感器线夹松动造成的接触不良现象。

3. 预防措施

（1）对该电流互感器线夹处接触电阻过大的情况进行及时消缺。

（2）对线夹接触面进行打磨，并涂导电膏。

（3）在运行中需定期对电流互感器进行红外热像，及时发现异常。

1.4.3 线路计量装置外部连接件接触不良发热红外热像典型图例

1. 异常简介

2011 年 4 月 9 日 16：33 左右，天气晴好，对 110kV 某变电站设备进行红外热像时，发现 10kV 线路电流互感器线夹发热的红外热像图，该电流互感器线夹接触不良，C 相套管与铝排连接处温度达 170℃，负荷电流为 120A，其红外热像图如图 1–110 所示。

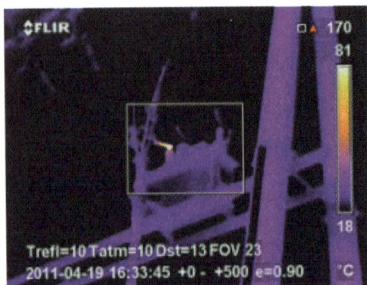

图1-110 电流互感器外部连接件
接触不良发热红外热像图

2. 异常分析

该变电站电流互感器线夹发热异常，存在危急缺陷。通过红外热像图，可以清晰地看到该电流互感器线夹发热，此处发热比较常见，其主要原因是接触电阻过大。

3. 预防措施

（1）对该电流互感器线夹处及时消缺，防止该处线夹烧断。

（2）改进10kV电流互感器套管与线路之间的连接处工艺，使接触电阻减小。

（3）在运行中需定期对电流互感器进行红外热像，及时发现异常。

1.4.4 电流互感器整体发热红外热像典型图例

1. 异常简介

2010年11月23日16：28左右，天气晴好，对220kV某变电站设备进行红外热像时，发现该某2号主变压器110kV侧电流互感器整体温度不一样，负荷电流为157A。其红外热像图如图1-111所示，图1-112为电流互感器可见光图。

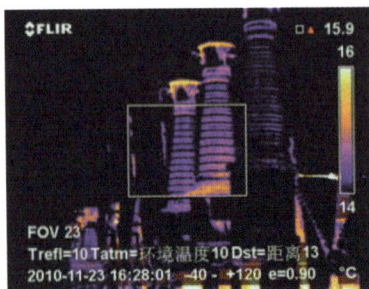

图1-111 电流互感器整体发热
红外热像图

图1-112 电流互感器可见光图

2. 异常分析

通过红外热像图，可以清晰地看到该 B 相电流互感器整体发热，通过红外热像图软件分析（Therma CAM Reporter 2000），B 相与 A 相有 0.6℃ 的温差。根据红外热像图判断，可能是由于 B 相电流互感器介质损耗变大，造成红外热像图异常。

3. 预防措施

（1）对电流互感器进行高压试验对比验证。

（2）在运行中需定期对电流互感器进行红外热像，及时发现异常。

1.5　电　容　器

电容器需要重点检测的电气设备部位，见表 1–8。

表1–8　　　　　　　　电容器需要重点检测的电气设备部位

电容器	本体	缺油
	连接端子	连接松动

并联电容器（串联电容器）主要发热象征如下：

（1）外部连接件接触不良。电容器接头处相对温差的判据，见表 1–9。

表1–9　　　　　　　　电容器接头处相对温差的判据

设备类型	相对温度差值（%）		
	一般缺陷	严重缺陷	视同紧急缺陷
电容器接头处	≥35	≥80	≥95

（2）并联电容器（串联电容器）本体发热。并联电容器（串联电容器）本体允许的最大温升及同类相对温差值按表 1–10 的规定执行。当热像异常或同类相对温差超标时，应用其他试验手段确定缺陷性质及处理意见。

表1–10　并联电容器（串联电容器）本体允许的最大温升及同类相对温差值

浸渍材料	正常热像特征	异常热像特征	允许温升（K）	相对温差（%）
十二烷基苯	中上部及顶部铁壳有明显温升	整体或局部出现异常高的温升	$75 \sim T_{om}$	≤30
二芳基乙烷			$80 \sim T_{om}$	
硅油			$85 \sim T_{om}$	

注　T_{om}为设备安装场所年最高环境温度，若厂家另有规定，按厂家要求执行。

1.5.1　并联电容器软母线与铝排连接处发热红外热像典型图例

1. 异常简介

2009年5月12日19∶20左右，天气晴好，对220kV某变电站新投运设备进行红外检测时，发现4号并联电容器软母线与铝排之间连接处发热，温度达355℃，热像时环境温度为15℃，负荷电流为406A，其红外热像图如图1–113所示，图1–114为电容器软母线与铝排连接处可见光图。

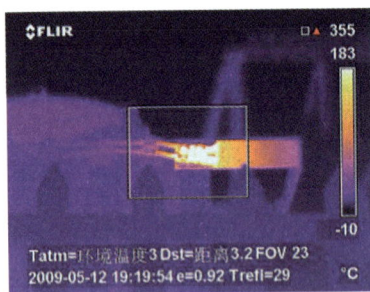

图1–113　电容器软母线与铝排
连接处发热红外热像图

图1–114　电容器软母线与铝排
连接处可见光图

2. 异常分析

通过红外热像图，可以清晰地看到并联电容器软母线与铝排之间连接处发热，该电容器组为新投运设备，由于施工工艺不合格，使该处螺栓松动，造成接触不良。

3. 预防措施

（1）对故障进行及时消缺，防止该连接处烧断。

（2）新投运设备投运时的验收工作要分工明确，避免不合格的施工工艺投入运行。

（3）对新投运的设备要定期进行红外热像，及时发现异常。

1.5.2　电容器高压熔断器发热红外热像典型图例

1. 异常简介

2008 年 8 月 1 日 18：48 左右，天气阴，对 220kV 某变电站新投运设备进行红外检测时，发现该变电站某 10kV 并联电容器高压熔断器与母线连接处多处发热，最高发热温度达 106℃，热像时环境温度为 25℃，负荷电流为 406A。

（1）某 4 号电容器组，西边第一个熔断器连接处发热温度达 95.9℃，其红外热像图如图 1–115 所示。

（2）某 4 号电容器组，东边第三、四个熔断器连接处发热温度达 106℃，其红外热像图如图 1–116 所示。

图 1–115　电容器高压熔断器发热红外热像图（西边第一个）

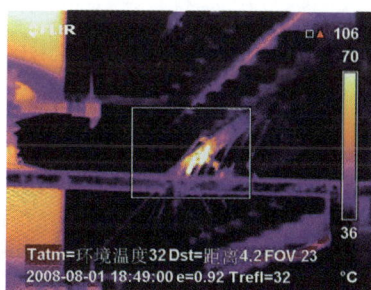

图 1–116　电容器高压熔断器发热红外热像图（东边第三、四个）

（3）某 1 号电容器组，第二排西边第二个熔断器上端发热温度达 128℃，其红外热像图如图 1–117 所示。

2. 异常分析

通过红外热像图，可以清晰地看到该电容器高压断路器与母线连接处发热，

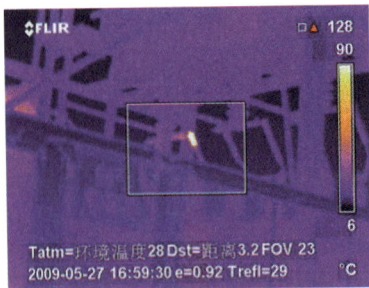

图 1-117 电容器高压断路器发热
红外热像图（第二排西边第二个）

该电容器组 2009 年 3 月 15 日投运，此故障是由于安装过程中对该连接处连接不符合要求，熔断器与铝排紧固不到位引起的。

3. 预防措施

（1）紧固螺栓，防止该连接处线夹烧断。

（2）在运行中需定期对电容器进行红外热像，及时发现异常。

1.5.3　电容器套管设备线夹、铜铝过渡连接处发热红外热像典型图例

1. 异常简介

2009 年 7 月 2 日 17：20 左右，天气晴好，对某 110kV 变电站进行红外热像时，发现某 10kV 并联电容器套管设备线夹与铜铝过渡板连接处发热，存在严重缺陷。10kV 并联电容器套管设备线夹与铜铝过渡板连接处发热，温度高达 130℃，热像时环境温度为 28℃，负荷电流为 406A。

（1）某 10kV 电容器 C 相（进线侧）套管处设备线夹发热温度为 128℃，A 相套管设备线夹发热红外热像图如图 1-118 所示。10kV 电容器出线侧套管正常相与进线侧套管非正常相红外热像比较图如图 1-119 所示。图 1-120 为电容器（进线侧）套管处设备线夹可见光图。

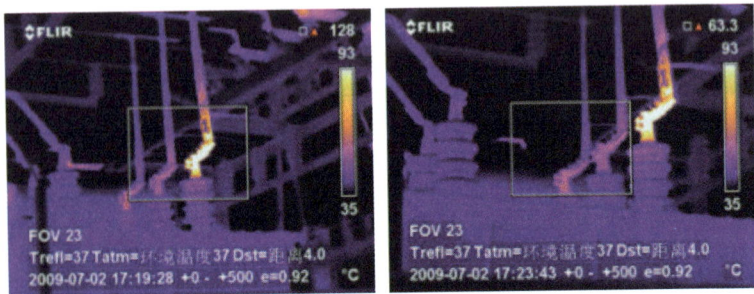

图 1-118　电容器 A 相套管设备线夹发热红外热像图

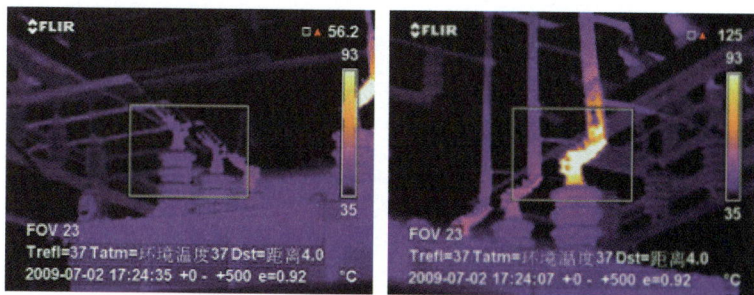

图 1–119　10kV 电容器出线侧套管正常相与进线侧套管非正常相红外热像比较图

图 1–120　电容器（进线侧）套管处
设备线夹可见光图

（2）某 10kV 电容器 A 相（隔离开关侧）套管设备线夹发热温度为 103℃，其红外热像图如图 1–121 所示。A 相套管设备线夹发热温度为 132℃、B 相设备线夹发热温度为 65℃、C 相设备线夹发热温度为 60℃，其红外热像图如图 1–122 所示。图 1–123 为 10kV 电容器 A 相设备线夹检修后的可见光图。

图 1–121　电容器套管设备线夹发热
红外热像图（A 相）

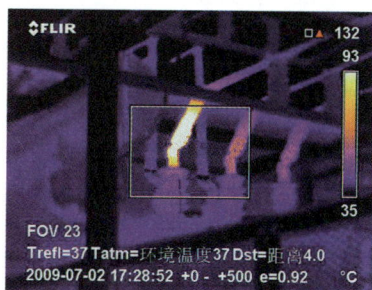

图 1–122　电容器套管设备线夹发热
红外热像图（三相）

图1-123 10kV电容器A相设备
线夹检修后的可见光图

2.异常分析

通过红外热像图，可以清晰地看到该套管设备线夹与铜铝过渡板连接处发热，此故障是由于接触不良引起的。

3.预防措施

（1）紧固螺栓，防止该线夹处缺陷进一步发展。

（2）在运行中需定期对电容器进行红外热像，及时发现异常情况。

1.5.4 电容器放电电压互感器接线端子与铝排连接处发热红外热像典型图例

1.异常简介

2008年11月6日10：20左右，天气晴好，对110kV某变电站进行红外检测时，发现该并联电容器放电电压互感器接线端子与母线连接处发热，温度为86℃，热像时环境温度为20℃，负荷电流为406A，其红外热像图如图1-124所示。

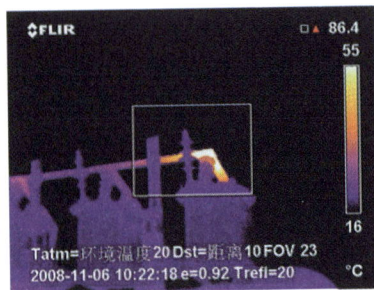

图1-124 电容器放电电压互感器接线端子与铝排连接处发热红外热像图

2.异常分析

通过红外热像图，可以清晰地看到该电容器放电电压互感器接线端子与铝排连接处发热，这是由于接触不良引起的。

3.预防措施

（1）紧固螺栓，防止该连接处缺陷进一步发展。

（2）在运行中需定期对电容器进行红外热像，及时发现异常情况。

1.5.5 电容器间隔发热检测发热红外热像典型图例

1.异常简介

2008年7月15日17：35左右，天气晴好，对110kV某变电站设备进行检测时，发现该并联电容器铝排连接处、套管设备线夹与铜铝过渡连接处多处发热。

（1）某 10kV 电容器铜铝过渡线夹及设备线夹（A、B 相）发热温度为 77.9℃，热像时环境温度为 32℃，电容电流为 200A，其红外热像图如图 1–125 所示。

（2）某 10kV 电容器 C 相铝排连接处发热温度为 103℃，C 相外甲侧套管设备线夹发热温度为 64℃，热像时环境温度为 32℃，电容电流为 200A，其红外热像图如图 1–126、图 1–127 所示。

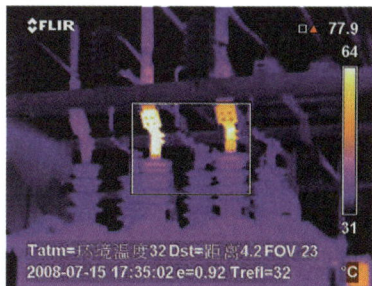

图 1–125　电容器铜铝过渡线夹及设备线夹发热红外热像图

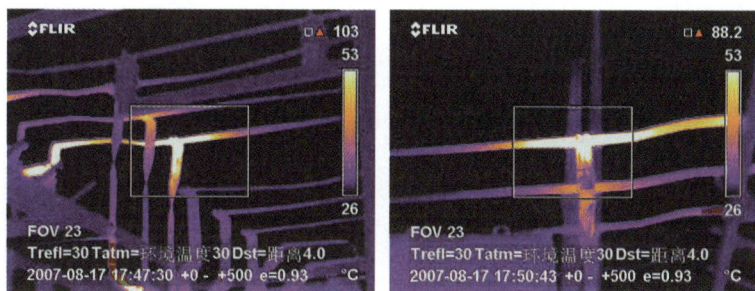

图 1–126　电容器 C 相铝排连接处发热红外热像图

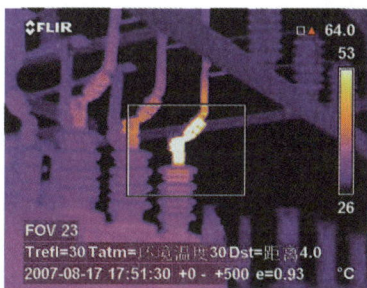

图 1–127　电容器 C 相外甲侧套管设备线夹发热红外热像图

2. 异常分析

通过红外热像图，可以清晰地看到该间隔多处接头连接处发热，这是由于螺栓紧固不到位而造成的该接线处接触电阻过大。

3. 预防措施

（1）紧固螺栓，防止缺陷进一步发展。

（2）在运行中需定期对电容器进行红外热像，及时发现异常情况。

1.6 电 抗 器

电抗器需要重点检测的电气设备部位，见表1-11。

表1-11　　　　　　　　　　电抗器需要重点检测的电气设备部位

电抗器	接头	接触不良发热
	绕组	内部损耗发热
	固定支架	漏磁损耗发热

电抗器主要发热象征如下：

（1）外部连接件接触不良。电抗器接头处相对温差的判据，见表1-12。

表1-12　　　　　　　　　　电抗器接头处相对温差的判据

设备类型	相对温度差值（%）		
	一般缺陷	严重缺陷	视同紧急缺陷
电抗器接头处	≥35	≥80	≥95

（2）内部异常发热。当电抗器内部出现异常发热时有可能引起局部温度升高。

1.6.1　电抗器铝排连接处发热红外热像典型图例

1. 异常简介

2010年9月15日11：45左右，天气晴好，对某220kV变电站设备进行红外热像时，发现10kV电抗器铝排连接处存在发热异常，温度超过了100℃。

（1）某10kV电抗器（第一接点）铝排连接处A相温度为117℃，热像时环境温度为26℃，电容电流为440A，其红外热像图如图1-128所示，图1-129为电抗器铝排连接处可见光图。

图 1–128　电抗器铝排连接处发热
红外热像图

图 1–129　电抗器铝排连接处
可见光图

（2）某 10kV 电抗器下部电抗器线圈与中性点铝排连接处温度为 122℃，热像时环境温度为 20℃，电容电流为 440A，其红外热像图如图 1–130 所示。

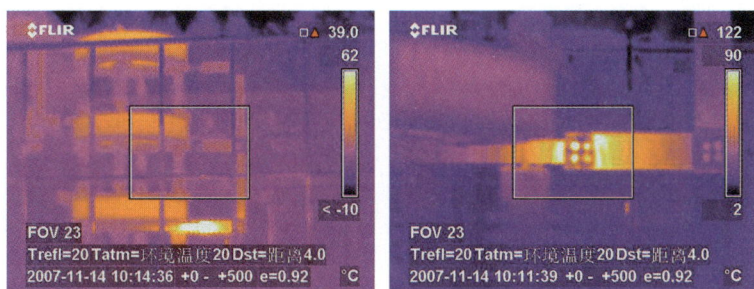

图 1–130　电抗器下部电抗器线圈与中性点铝排连接处发热红外热像图

2. 异常分析

通过红外热像图，可以清晰地看到该间隔多处接头连接处发热，这是由于接触不良造成的该处接触电阻过大。

3. 预防措施

（1）对该连接处接触不良情况进行及时消缺，防止该处缺陷进一步发展。

（2）在运行中需定期对电抗器进行红外热像，及时发现异常情况。

1.6.2 电抗器过负荷本体发热红外热像典型图例

1. 异常简介

某日，天气晴朗，环境温度为27℃，对220kV某变电站设备进行红外测温时，发现220kV 2号变压器10kV侧限流电抗器本体处三相红外热像图异常，三相温度分别为149、128、100℃，当时10kV侧两组电容器（一组电容器容量为10Mvar）在运行，负荷为1100A（无功电流），且限流电抗器两端引线铜排上的绝缘护套已有部分脱落。限流电抗器本体三相红外热像图如图1-131（A相）~图1-133（C相）所示。

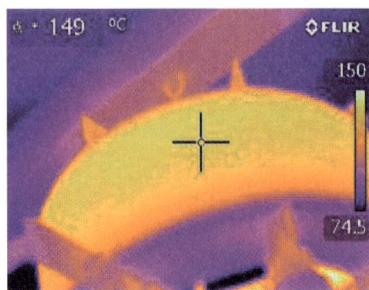

图1-131　2号限流电抗器A相红外热像图

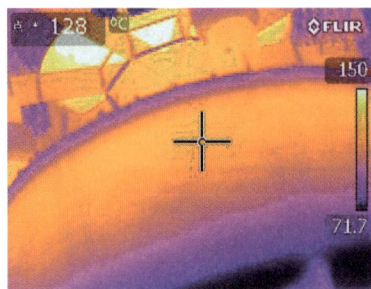

图1-132　2号限流电抗器B相红外热像图

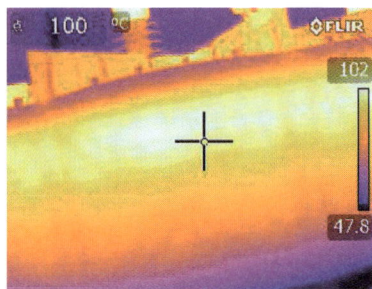

图1-133　2号限流电抗器C相红外热像图

随即对该变电站220kV 1号变压器10kV侧限流电抗器进行红外热像测温，该限流电抗器测温时，其所带两组电容器已退出运行1h（一组电容器容量为10Mvar），负荷电流为0.94A（无功电流），A相温度为101℃、B相温度为81℃、C相温度为63.7℃。限流电抗器本体三相红外热像图如图1-134（A相）~图1-136（C相）所示。

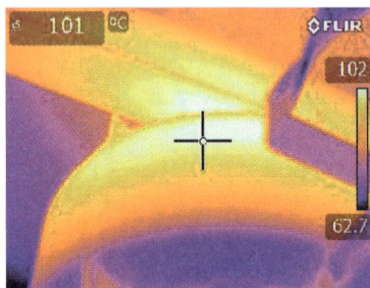

图1-134　1号限流电抗器A相红外热像图

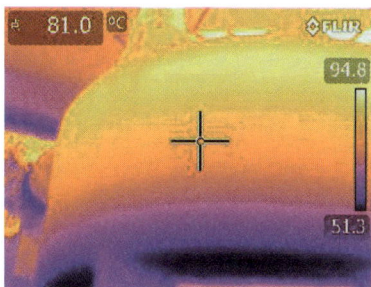

图 1–135　1 号限流电抗器 B 相
红外热像图

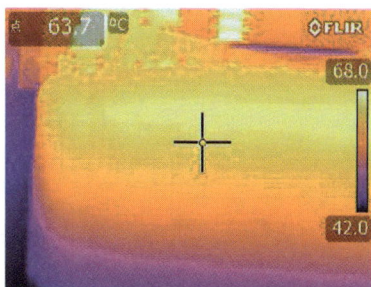

图 1–136　1 号限流电抗器 C 相
红外热像图

2. 异常分析

检测人员发现温度严重异常后及时汇报管理部门，随后立即停电检查，通过分析、查阅资料，发现限流电抗器额定电流为 1000A，两组 10Mvar 的电容器同时运行电流可达 1100A，由于限流电抗器过负荷 10%，电流过大造成限流电抗器本体严重发热，且引线铜排发热造成绝缘护套部分脱落。该限流电抗器平时基本是带两组电容器运行，长期处于过负荷状态，因此导致电抗器发热逐步显现。该限流电抗器为 2003 年建站时投运，而所带电容器为 2012 年年底进行技术改造时投运，设计单位在设计电容器时未考虑限流电抗器的承载能力，因此导致该问题的出现。

如图 1–137（A 相）～ 图 1–139（C 相）所示为 2 号限流电抗器在各投一组电容器时的测温情况（负荷电流为 550A），其三相温度分别为 52.1、43.9、48℃。

如图 1–140（A 相）～ 图 1–142（C 相）所示为 1 号限流电抗器在各投一组电容器时的测温情况（负荷电流为 550A），其三相温度分别为 56.1、45.4、43℃。

图 1–137　2 号限流电抗器 A 相
红外热像图

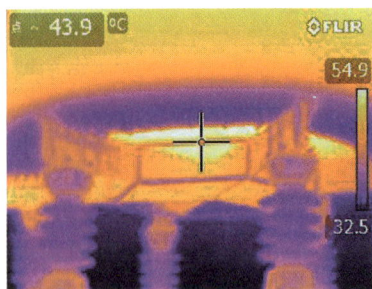

图 1-138　2 号限流电抗器 B 相红外
热像图

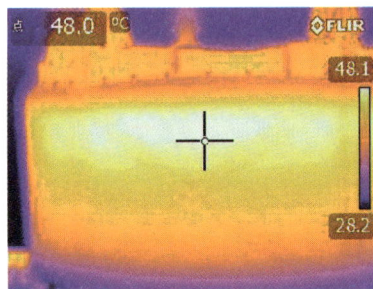

图 1-139　2 号限流电抗器 C 相红外
热像图

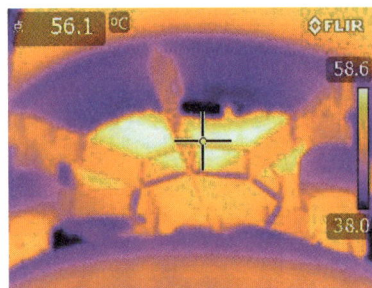

图 1-140　1 号限流电抗器 A 相
红外热像图

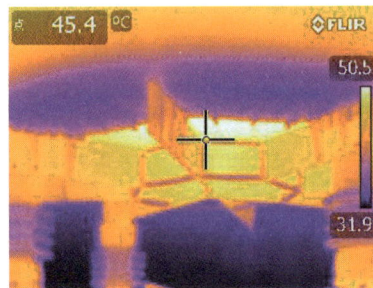

图 1-141　1 号限流电抗器 B 相
红外热像图

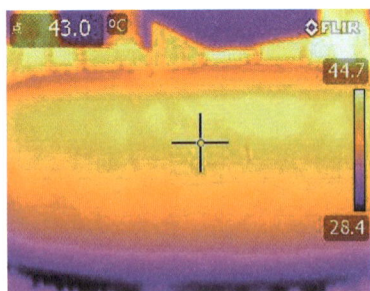

图 1-142　1 号限流电抗器 C 相红外
热像图

3. 预防措施

（1）重新设计并更换限流电抗器，满足其电流承载能力。

（2）限流电抗器未更换前，正常时只带一组电容器运行（电流为 550A）。

（3）如需限流电抗器带两组电容器运行（电流为 1100A）时，增加测温次数，且运行时间按限流电抗器本体温度不超过 85℃考虑。

1.6.3　电抗器起吊吊环发热红外热像典型图例

1. 异常简介

2013 年 6 月 27 日，天气晴朗，环境温度为 31℃，对 220kV 某变电站设备进行红外测温时，发现 220kV 1 号变压器 10kV 侧限流电抗器起吊吊环处红外热像图异常，温度为 110℃，当时 10kV 侧两组电容器（一组电容器容量为 9Mvar）在运行，负荷为 972A（无功电流），1 号限流电抗器起吊吊环处红外热像图如图 1–143 所示。

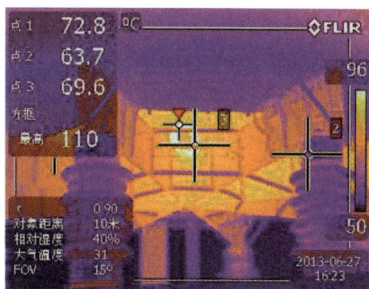

图 1–143　1 号限流电抗器起吊吊环处红外热像图

2. 异常分析

检测人员发现温度严重异常后及时汇报管理部门，随后立即停电检查，发现该起吊吊环为铁合金件，极易导磁，因此为漏磁损耗致使该起吊吊环整体发热。

3. 预防措施

（1）平时将该处起吊吊环处拆除，需要起吊时再将其装上。

（2）将该处起吊吊环材质更换为不导磁材质或进行不导磁处理，例如，可更换为不锈钢件。

1.7　电力阻波器

电力阻波器需要重点检测的电气设备部位，见表 1–13。

表1–13　　　　　电力阻波器需要重点检测的电气设备部位

阻波器	本体、出线接头、避雷器	接触不良发热、受潮、涡流发热

电力阻波器主要发热象征如下：

（1）外部连接件和导电杆接触不良。

（2）内部异常发热。当电力阻波器内部出现异常发热时有可能引起局部温度升高。

（3）电力阻波器内部避雷器过热。

1.7.1 阻波器设备线夹发热红外热像典型图例

1. 异常简介

以下图 1–144 ~ 图 1–146 三个图像为某 110kV 变电站的 35kV 线路外侧阻波器发热红外热像图。

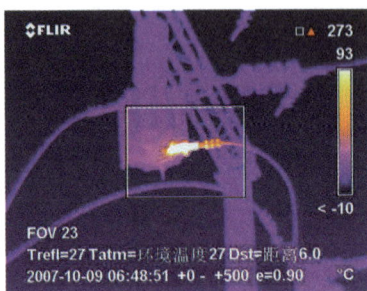

图 1–144　阻波器设备线夹发热红外
热像图

（1）某 35kV 阻波器设备线夹温度为 273℃，热像时环境温度为 27℃，电流为 220A，其红外热像图如图 1–144 所示。

（2）某 35kV 阻波器设备线夹隔离开关侧线夹温度为 166℃，热像时环境温度为 20℃，电流为 180A，其红外热像图如图 1–145 所示。

（3）某 35kV 阻波器 B 相线路侧线夹发热温度为 106℃，热像时环境温度为 28℃，

电流为 160A，其红外热像图如图 1–146 所示。

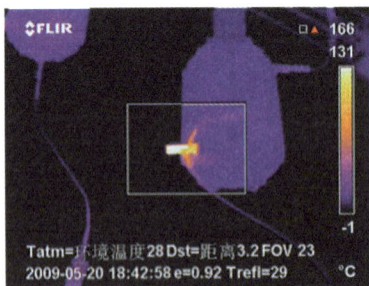

图 1–145　阻波器设备线夹隔离开关
侧发热红外热像图

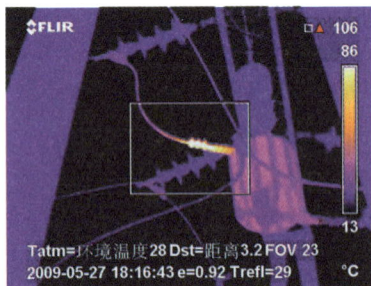

图 1–146　阻波器设备线夹线路侧
发热红外热像图

2. 异常分析

通过红外热像图，可以清晰地看到该间隔多处接头连接处发热，这是由于接

触不良造成的接触电阻过大。

3. 预防措施

（1）对该连接处接触电阻过大情况进行及时消缺，防止该处缺陷进一步发展。

（2）在运行中需定期对电力阻波器进行红外热像，及时发现异常情况。

1.7.2　阻波器调谐元件发热红外热像典型图例

1. 异常简介

2007 年 8 月 24 日 9：54 左右，天气晴好，环境温度为 30℃，对某 110kV 变电站设备进行红外热像，发现 35kV 线路阻波器调谐元件发热温度为 136℃，电流为 160A，其红外热像图如图 1–147 所示。

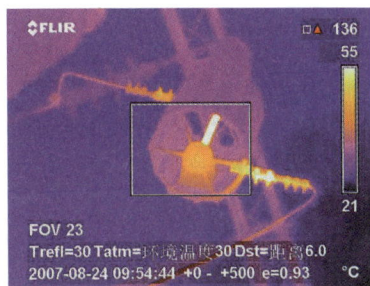

图 1–147　阻波器调谐元件发热红外热像图

2. 异常分析

通过红外热像图片，可以清晰地看到该阻波器调谐元件连接处发热，属于接触不良造成的该处接触电阻过大。

3. 预防措施

对该连接处接触电阻过大情况进行及时消缺，防止该处缺陷进一步发展。

1.7.3　阻波器避雷器发热红外热像典型图例

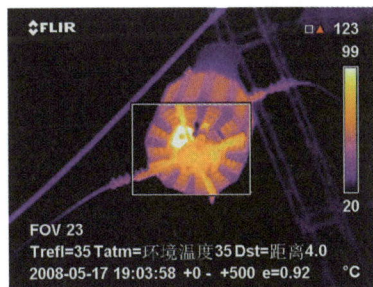

图 1–148　阻波器内避雷器发热红外热像图

1. 异常简介

2008 年 5 月 17 日 19：03 左右，天气阴，环境温度为 35℃，对某 110kV 变电站设备进行红外热像，发现 35kV 线路阻波器避雷器发热温度为 123℃，电流为 160A，其红外热像图如图 1–148 所示。

2. 异常分析

避雷器整体发热是电压型致热，这是由于阻波器设备与线夹连接处氧化接触不良造成的。通过红外热像图判断，该避雷器直流泄漏电流已经超标。

3. 预防措施

（1）更换避雷器。

（2）在运行中需定期对阻波器避雷器进行红外热像，及时发现异常情况。

1.7.4 阻波器内部故障发热红外热像典型图例

1. 异常简介

某日，对 220kV 某变电站设备进行红外热像时，发现 220kV 线路侧阻波器红外图异常，阻波器局部有明显温差，负荷电流为 171A，热像时环境温度为 −5℃，其红外热像图如图 1-149 所示，图 1-150 为阻波器内部故障发热可见光图。

从图 1-149 可看出 B 相与 A、C 相比较，其阻波器局部有明显温差。

从图 1-150 中可清晰地看到 B 相阻波器绕组放电位置。

图 1-149　阻波器内部故障发热
红外热像图

图 1-150　阻波器内部故障发热
可见光图

2. 异常分析

通过红外热像图片，可以清晰地看到该阻波器温度与其他温度有明显的不同，通过软件分析，该区域的温度比其他相高 3℃，正常相为 0℃。阻波器虽然是通流元件，但其故障是由于异物造成的阻波器匝间短路，不影响电流正常通过，红外象征略有变化。

检修人员现场对该阻波器进行解体检修，如图 1-151 所示为 220kV 某线路 B 相阻波器绕组烧伤可见光图。

图 1–152 为 220kV 某线路 B 相阻波器绕组内部发现的遗留物可见光图。

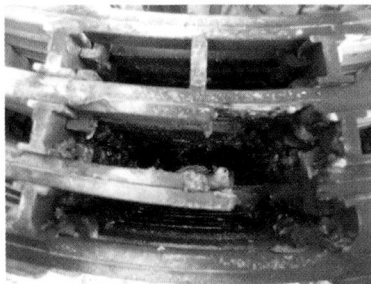

图 1–151　阻波器绕组烧伤
可见光图

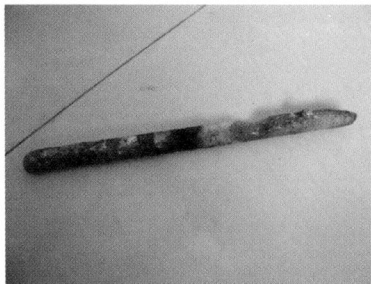

图 1–152　阻波器绕组内部遗留物
可见光图

3. 预防措施

（1）及时停电对该阻波器进行更换。

（2）设备安装时严防物品遗留在设备中，交接验收时严把质量关。

（3）在运行中需定期对阻波器进行红外热像，及时发现异常情况。

1.8 电 力 电 缆

电力电缆需要重点检测的电气设备部位，见表 1–14。

表1–14　　　　　　　　电力电缆需要重点检测的电气设备部位

电缆	出线接头	接触不良
	电缆头	局部、整体绝缘不良
	电缆头出线套管	绝缘不良
	电缆整体	整体发热

电力电缆主要发热象征如下：

（1）电缆出线接头接触不良。

（2）电缆头局部绝缘不良。是指电缆头因加工不良或长期运行造成绝缘局部损伤、受潮、劣化等缺陷，其特征是电缆头交叉处出现局部绝缘区域温升偏大。

（3）电缆头整体绝缘不良。是指电缆头因加工不良或长期运行造成绝缘整体受潮、劣化等缺陷，其特征是整个电缆头温度偏高。

（4）电缆头出线套管绝缘不良。是指35kV以上电缆出线套管因密封不良，而引起的进水受潮缺陷，其特征是套管整体温度升高，靠近法兰的中、下部温度偏高，同类比较时，相间温差不应超过0.5K。

（5）电缆整体发热。是指电缆绝缘老化或过负荷运行所引起的缺陷。电缆及电缆头的外表最高允许温升不得超过表1–15的规定。

表1–15 　　　　　　　　各种电缆的最高允许工作温升

电缆类型		内部长期允许温度（℃）	表面允许温升（K）	
油性浸渍绝缘电缆	6kV以下	65	20	25
	20～35kV	60	15	20
充油电缆		75～80	25～30	20～25
交联聚乙烯电缆		80～90	30～40	25～35
橡胶皮电缆		65	20	285

1.8.1 电缆头接头接触不良发热红外热像典型图例

1. 异常简介

图1–153～图1–155三张图像是某110kV变电站的某10kV电容器组电力电缆发热红外热像图，发热部位明显。

图1–153　某电容器组电缆头A相发热红外热像图

（1）某电容器组电缆头A相发热温度为47℃，热像时环境温度为10℃，电流为200A，其红外热像图如图1–153所示。

（2）某10kV C相电缆头线夹处发热温度为78.9℃，热像时环境温度为32℃，电流为150A，其红外热像图如图1–154所示。

（3）某10kV甲隔离开关与电缆连接处（C相）发热温度为194℃，热像时环境温度为42℃，电流为200A，其红外热像图如图1–155所示。

图 1-154 某 10kV C 相电缆头线夹
处发热红外热像图

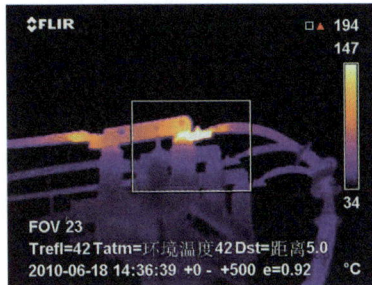

图 1-155 某 10kV 甲隔离开关与
电缆连接处发热红外热像图

2. 异常分析

通过红外热像图片，可以清晰地看到该间隔多处接头连接处发热，这是由于接触不良造成的。

3. 预防措施

（1）对该缺陷及时进行消缺，防止该处缺陷进一步发展。

（2）在运行中需定期对电缆进行红外热像，及时发现异常情况。

1.8.2 电容器组电缆整体发热红外热像典型图例

1. 异常简介

图 1-156、图 1-157 两组图像，是某 220kV 变电站某 10kV 电容器组电缆发热红外热像图，从图 1-156、图 1-157 中可以看出发热部位明显，电容器电缆负荷电流为 171A，热像时环境温度为 10℃，其红外热像图如图 1-156 所示，图 1-157 为某 10kV 电容器组电缆可见光图。

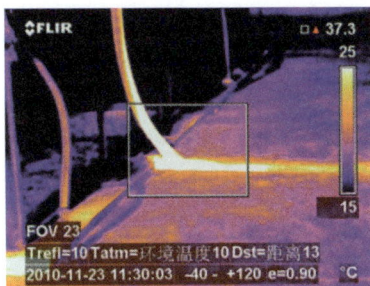

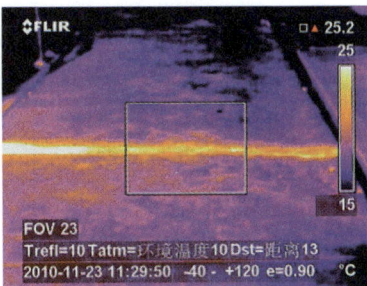

图 1-156 某 10kV 电容器组电缆发热红外热像图

图 1-157　某 10kV 电容器组电缆可见光图

2. 异常分析

电缆整体发热可能是由于过电流，导致相对地或相间绝缘降低（导致杂散电流大，绝缘受潮）、金属铠装屏蔽层接地不良（导致场强分布均匀）引起的。通过红外热像图，可以清晰地看到该电缆整体发热，同样的电缆并且电流相差不大，红外热像图发热处显示却不一样，该电缆是由于绝缘老化造成的。

3. 预防措施

（1）建议遇到停电机会时，对电缆进行高压试验，进一步查明原因。

（2）在运行中定期对电缆进行红外热像，及时发现异常情况。

1.8.3　10kV 线路电缆沟内电缆发热红外热像典型图例

1. 异常简介

2011 年 4 月 19 日 17：50 左右，天气晴好，环境温度为 10℃，对 110kV 某变电站进行红外热像时，发现 10kV 电缆沟内电力电缆发热，检测时该路电流为41A，其红外热像图如图 1-158 所示。

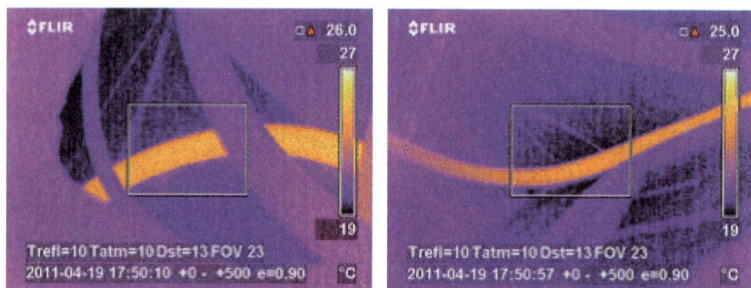

图 1-158　10kV 线路电缆沟内电缆发热红外热像图

2. 异常分析

通过红外热像图，可以清晰地看到该电缆沟内电力电缆发热，同样的电缆并且电流相差不大，红外热像图发热处显示却不一样，该电缆是由于电缆绝缘受潮造成的。

3. 预防措施

（1）停电时对电缆进行高压试验，严防其由于受潮而引起绝缘下降。

（2）在运行中定期对电缆进行红外热像，及时发现异常情况。

1.8.4 相邻电缆接头与电缆对比发热红外热像典型图例

1. 异常简介

2008 年 7 月 14 日 19：18 左右，天气晴好，环境温度为 32℃，对 110kV 某变电站进行红外热像时，发现 10kV 高压室墙外穿墙套管处电缆发热，检测时该相邻的两路线路电流相近，分别为 41A 和 36A，相邻电缆接头与电缆对比发热红外热像图如图 1-159 所示。

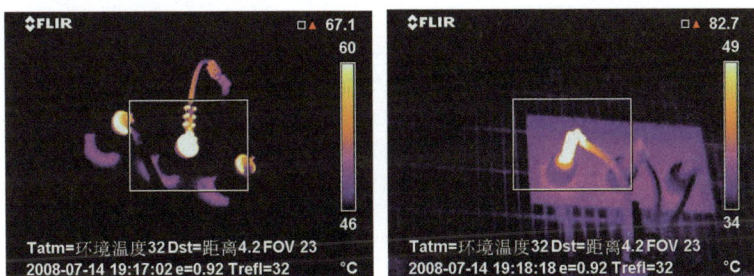

图 1-159 10kV 相邻电缆接头与电缆对比发热红外热像图

10kV 相邻电缆整体比较红外热像图如图 1-160 所示。

通过观察发热电缆与正常电缆比较，知温度相差 10.5℃，其红外热像图的比较如图 1-161 所示。

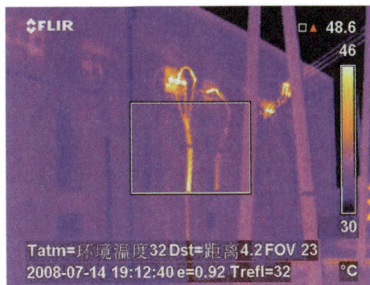

图 1-160 10kV 相邻电缆整体比较红外热像图

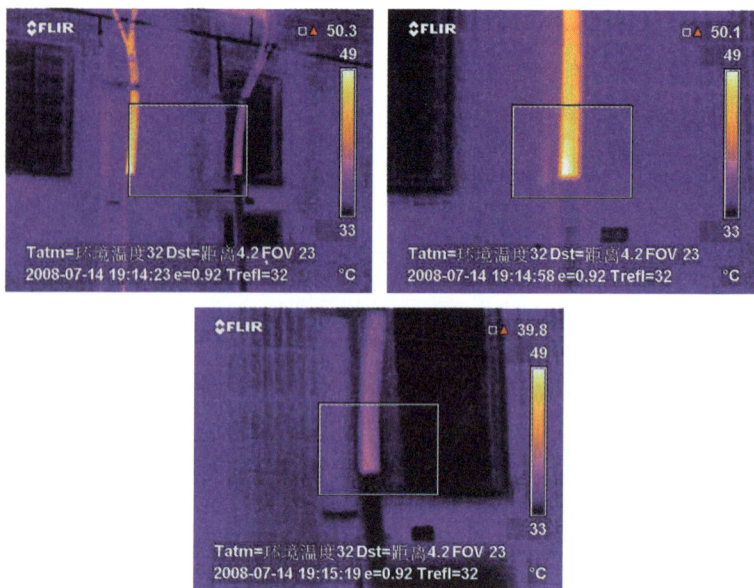

图 1-161　10kV 相邻电缆接头与电缆对比发热红外热像图

2. 异常分析

通过红外热像图，可以清晰地看到该高压室墙外有电力电缆发热，同样的电缆并且电流相差不大，红外热像图发热处却区别很大，该电缆为交联聚乙烯绝缘（导体截面积为 185mm^2，载流量为 325A），长期允许工作温度为 90℃，但该电缆所带电流仅为 41A，温升达到 18.3℃，以此可判断出该电缆是由于电缆绝缘老化造成的，该电缆更换后，温度恢复正常。

3. 预防措施

（1）停电后对电缆进行高压试验，检查其绝缘状况。

（2）在运行中定期对电缆进行红外热像，及时发现异常情况。

1.9　高压开关柜

高压开关柜需要重点检测的电气设备部位为高压开关柜的柜体、柜前和柜后。GGA开关柜为开放式结构，通风效果好，如果出现柜内发热情况，比较容易判断，而XGN开关柜和KYN开关柜为封闭式结构，通风效果差，如果出现柜内发热情况时，不容易进行判断，通常要依据经验进行分析判别。

高压开关柜相对温差的判据，见表1-16。

表1-16　　　　　　　　　　高压开关柜相对温差的判据

设备类型	相对温度差值（%）		
	一般缺陷	严重缺陷	视同紧急缺陷
高压开关柜	≥35	≥80	≥95

1.9.1　KYN开关柜内手车开关与母线排连接处柜体发热红外热像典型图例

1. 异常简介

某日，对110kV某变电站10kV开关柜进行红外热像时，发现该10kV进线柜后门处温度达34.8℃，热像时环境温度为10℃，负荷电流为1152A。

（1）运行中的某10kV进线柜母线桥柜体靠近手车开关处表面温度达31℃，比正常开关柜柜体温度（20℃）高11℃，10kV进线柜前门处温度为26℃，比正常开关柜柜体温度（20℃）高6℃，后门处温度为34.8℃，比正常开关柜柜体温度（20℃）高14.8℃，其红外热像图如图1-162、图1-163所示。

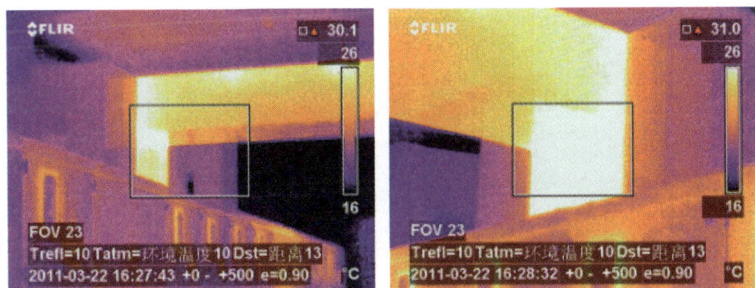

图1-162　某10kV进线柜母线桥柜体发热红外热像图

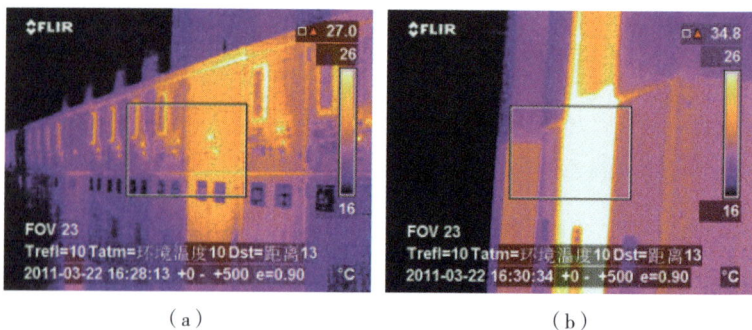

图1-163 某10kV进线柜发热红外热像图
（a）前门处红外热像图；（b）后门处红外热像图

（2）对该手车开关进行停电检修，该手车开关拉出后随即进行红外热像，B相触头整体温度为42.7℃，B相触头前部温度为46℃，母线处下端的触头温度为48.5℃，开关柜后的穿盘套管温度为39.2℃，开关柜内后部母线处下端的触头温度为64.6℃，其红外热像图如图1-164所示。

2. 异常分析

通过红外热像图，可以清晰地看到10kV进线柜体后门处发热，通过红外热像图分析软件（ThermaCAM Reporter 2000）分析后，发现该10kV进线柜最高温度为34.8℃，其相邻间隔开关柜最高温度为20℃，温差相差为14.8℃。该开关柜由于手车开关与母线排连接处接触不良造成的。

图1-164 10kV开关柜停运后发热红外热像图（一）

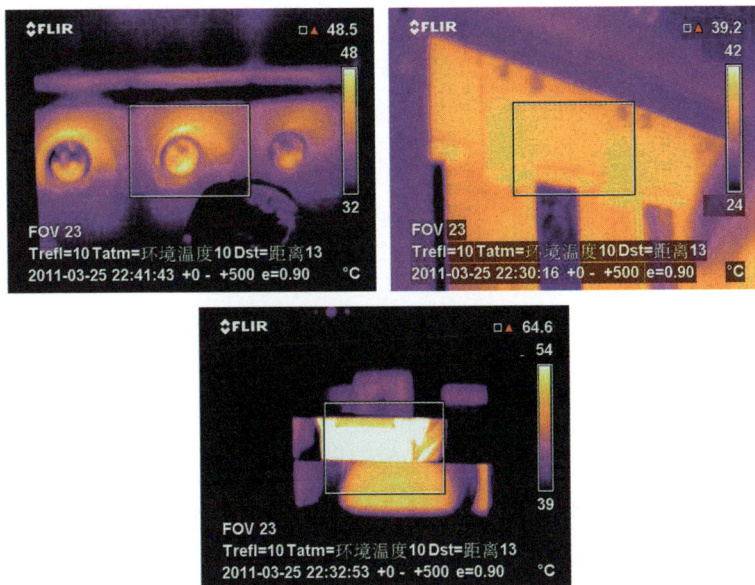

图 1-164　10kV 开关柜停运后发热红外热像图（二）

3. 预防措施

（1）对手车开关与母线排连接处进行校正。

（2）在运行中定期对开关柜进行红外热像，及时发现异常情况。

（3）打开母线拱箱盖板，检查与 10kV 母线的连接情况。

1.9.2　KYN 高压开关柜涡流损耗发热红外热像典型图例

KYN 高压开关柜漏磁通产生的涡流损耗引起箱体或隔板发热，其热像特征是以漏磁通穿过而形成环流的区域为中心的红外热像图。

1. 异常简介

2011 年 4 月 26 日下午，天气阴，环境温度为 20℃，对某 110kV 变电站设备进行红外测温时，发现变压器 10kV 侧高压开关柜（101 开关）柜体红外热像图异常，变压器当时所带负荷为 1900A（变压器低压侧额定容量 2749A），开关柜后部柜体温度最高为 35.9℃，KYN-28 开关柜柜体后部红外热像图如图 1-165 所示。

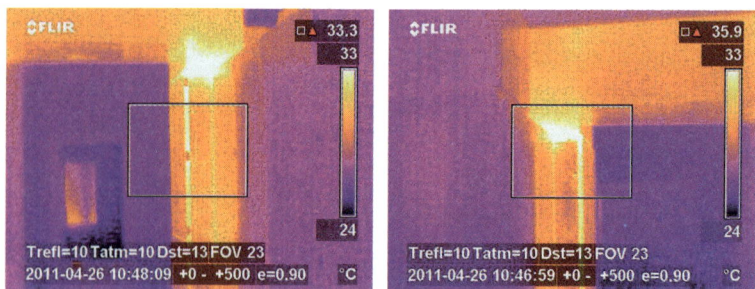

图 1-165　KYN-28 开关柜柜体后部红外热像图

随后多次对此开关柜进行追踪测温，发现其温度随环境温度、负荷变化比较明显。2012 年 9 月 13 日，天气阴，环境温度为 25℃，当时负荷为 1936A 左右，该高压开关柜后部处的温度最高为 44.4℃，其红外热像图如图 1-166 所示。

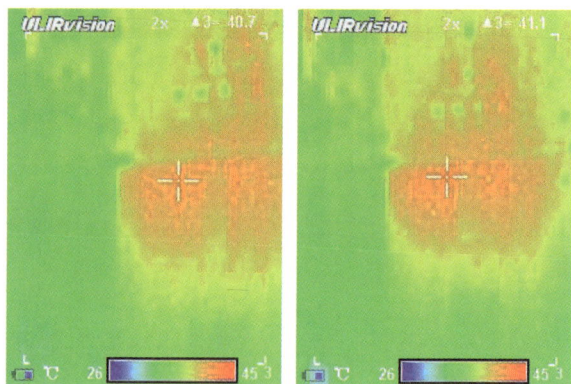

图 1-166　KYN 开关柜柜体后部红外热像图

2012 年 10 月 2 日，天气阴，环境温度为 25℃，当时其负荷为 1910A 左右，由检修人员将该高压开关柜后部封盖打开，直接进行热像，该高压开关柜内部穿板电流互感器之间隔板处的温度最高为 78.2℃，其红外热像图如图 1-167 所示。

按照要求，运行值班人员加强了对该部位的运行监视，2012 年 10 月 25 日，天气多云，环境温度为 10℃，当时负荷为 1960A 左右，该高压开关柜内部穿板电流互感器之间隔板处的温度最高为 81.7℃，其红外热像图如图 1-168、图 1-169 所示。

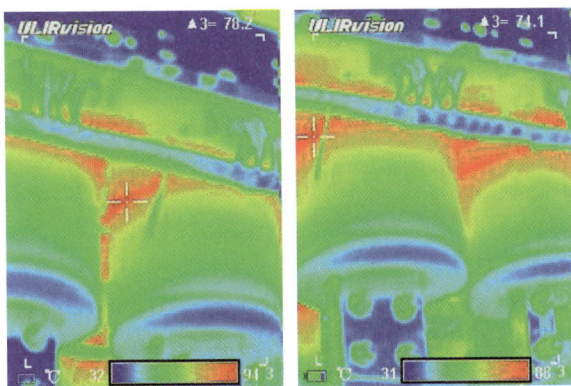

图 1-167　KYN 开关柜柜体内部穿板电流互感器之间
隔板处红外热像图

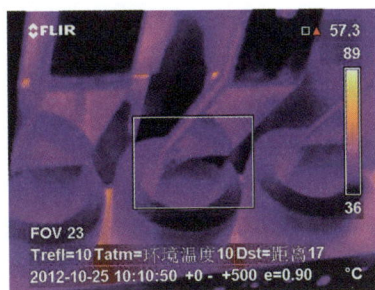

图 1-168　内部穿板电流互感器温度
正常红外热像图

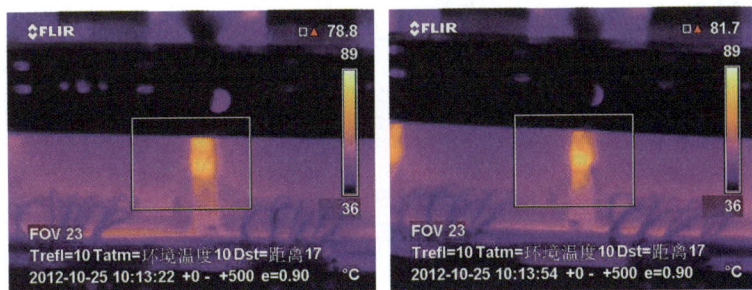

图 1-169　内部穿板电流互感器之间隔板处发热红外热像图

2. 异常分析与处理

正常运行的高压开关柜，会有漏磁通通过柜内隔板，若隔板出现漏磁现象，缺陷部位的漏磁通就会变大，产生涡流，并引起发热。一般来说，涡流的大小取决于隔板与进线铜排之间的距离，在电流不变的情况下隔板与进线铜排之间的距离越小，穿过隔板的磁通的变化量就越大，涡流也就越大；反之距离越大，其涡流就越小。涡流的大小还取决于流过母排的电流的大小，电流越大，穿过隔板的磁通的变化量就越大，涡流也就越大；反之电流越小，其涡流就越小。涡流的大小还取决于磁力线所穿过的材质，若磁力线穿过的是电的不良导体，在该材料上就不易产生涡流；若磁力线穿过的是绝缘材料，在该材料上就不会产生涡流，可是该开关柜的隔板是用铁板所制成的，而该材料又极易导磁，则在该开关柜的隔板上都能产生涡流，在同等情况下涡流的大小还与磁力线所穿过材料的厚度有关，根据导体的电阻与导体的长度成正比，与导体的截面积成反比，与导体的材质有关，即 $R=\rho L/S$，由此可知材料越厚，截面积就越大，其电阻也就越小，涡流也就越大；反之材料越薄，截面积就越小，其电阻也就越大，涡流也就越小。

将该开关柜的隔板更换为不锈钢材质后，发热状况消失，KYN 高压开关柜 A、B 相以及 B、C 相穿板电流互感器之间隔板处红外热像图如图 1-170、图 1-171 所示。

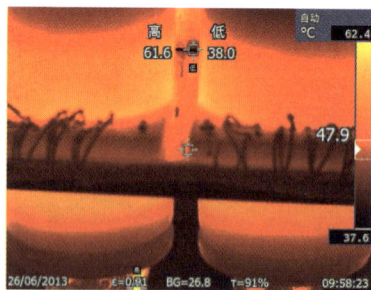

图 1-170　KYN 高压开关柜 A、
B 相穿板电流互感器之间隔板处
红外热像图

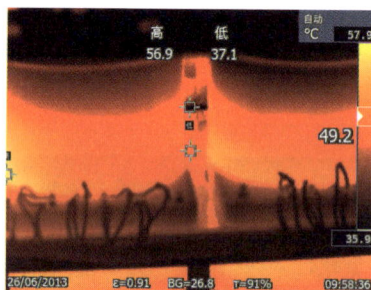

图 1-171　某 KYN 高压开关柜 B、
C 相穿板电流互感器套管之间隔板处
红外热像图

2013 年 6 月 26 日，天气多云，环境温度为 30℃，当时负荷为 2100A 左右，（治理后）该高压开关柜内部 A、B 相穿板电流互感器之间隔板处的温度最高为47.9℃，恢复正常。

2013年6月26日，天气多云，环境温度为30℃，当时负荷为2100A左右，（治理后）该高压开关柜内部B、C相穿板电流互感器之间隔板处的温度最高为49.2℃，恢复正常。

3. 预防措施

（1）定期或不定期地对开关柜进行红外测温，注意红外热像图的变化，发现异常及时汇报给有关部门。

（2）对红外热像异常的开关柜，应及时汇报有关部门，打开开关柜封闭柜板，直接进行红外精确热像测温，判断发热部位。

（3）根据检查结果更换为非导磁性材质，防止因长期过热而加速设备绝缘老化。

1.9.3 KYN开关柜内手车开关上下比动触头接触不良发热红外热像典型图例

1. 异常简介

某日，对110kV某变电站10kV开关柜进行红外热像时，发现该10kV某开关柜前门处温度达34.5℃，当时负荷为350A，它与另一开关柜比较（温度达28.6℃，负荷为300A），温度明显异常（偏高5.9℃），热像时环境温度为25℃，如图1-172所示为某KYN高压开关柜比另一个开关柜温度高5.9℃红外热像图。

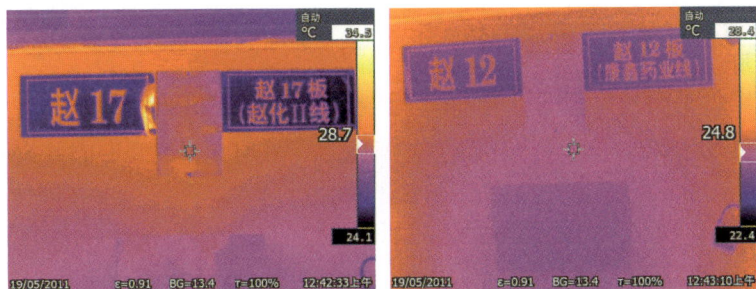

图1-172　某KYN高压开关柜比另一个开关柜温度高5.9℃红外热像图

随后多次对其进行追踪测温，发现该开关柜温度持续增长，且比其他开关柜温度偏高，2013年6月26日，天气晴，环境温度为30℃，当时负荷为360A

左右，该高压开关柜前门的温度最高为56℃，其红外热像图如图1–173所示。将该高压开关柜后柜门拆除进行测温，温度最高为70.9℃，其红外热像图如图1–174所示。

2. 异常分析与处理

将该手车开关拉至检修位置后进行检查时，发现手车开关上下臂动触头烧损，动触头基座复合材料已受热损毁，其可见光图如图1–175所示。

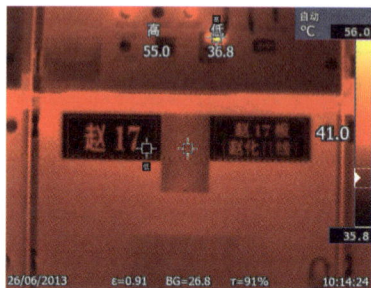

图1–173 某KYN高压开关柜前门　　图1–174 某KYN高压开关柜后部
　　　　　红外热像图　　　　　　　　　　　　红外热像图

现场对图片进行分析，确定该缺陷为典型的接触不良、过热故障，故障原因是静触头与母线连接处的固定螺栓松动，造成接触不良、发热。故障部位首先发起于静触头与母排连接处，受热传导作用，造成动触头烧损。动触头上的压紧弹簧受热后，压力下降，进一步增大了接触电阻，触指局部烧熔。过热的静触头可见光图，如图1–176所示。

该缺陷不是突然出现的，应有一个逐步发展的过程。长期的大电流作用，使原本较轻微的发热逐步发展，进而使接触电阻越来越大，最终形成目前情况，该缺陷如未及时发现，此开关柜很快将爆炸损毁。

3. 预防措施

（1）加强运行红外巡视，重点关注开关柜之间的温升。红外热像虽不能直接对开关内部进行检测，但如果是由接触不良引起的发热，则将使整台开关柜的温度高于相邻正常间隔的开关柜温度。目前，还没有开关柜温升到达多少可判断为缺陷的判据，但据统计，一般开关柜因负荷电流大，正常运行时温升应比一般出

图 1-175 受损手车开关可见光图　　图 1-176 过热的静触头可见光图

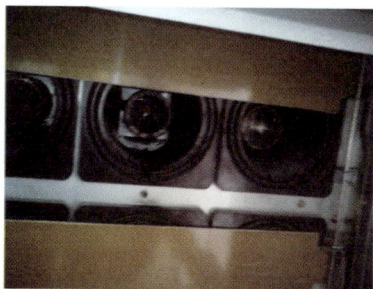

线间隔高出 5 ～ 10℃。

（2）如果遇到母线停电机会时，对所有开关柜静触头进行逐个紧固检查或列为定检项目。

1.9.4 开关柜发热红外热像典型图例（1）

1. 异常简介

某日，对 110kV 某变电站进行红外热像时，发现该 10kV 进线开关柜和某 10kV 出线开关柜前门处发热，温度达 39.3℃，热像时环境温度为 20℃，负荷电流为 1152A，其红外热像图如图 1-177 所示。

2. 异常分析

通过红外热像图片，可以清晰地看到 10kV 开关柜前门处发热，该图通过红外图像分析软件（Therma CAM Reporter 2000）分析后，得知某 10kV 开关柜前门柜体上部最高温度为 39.3℃，其相邻间隔开关柜最高温度为 31℃，温差相差 13.3℃；某 10kV 开关

图 1-177 10kV 开关柜前门发热
红外热像图

柜前门柜体下部最高温度为36℃，其相邻间隔开关柜最高温度为31℃。经检查发现，该型高压柜无散热通道，驱潮器也未及时退出。

3. 预防措施

（1）合理布局高压柜泄压通道，确保散热效果。

（2）按规定及时退出开关柜驱潮装置。

（3）在运行中对开关柜定期进行红外热像，及时发现异常情况。

1.9.5 开关柜发热红外热像典型图例（2）

1. 异常简介

某日，对110kV某变电站设备进行红外热像时，发现该10kV某13板开关柜前门处发热，温度达31℃，热像时环境温度为10℃，负荷电流为110A，其红外热像图如图1-178所示。

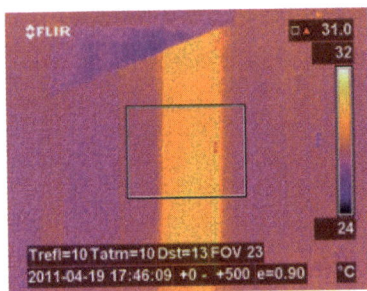

图1-178　10kV开关柜前门发热红外热像图

2. 异常分析

通过红外热像图，可以清晰地看到10kV开关柜体前门处发热，该图通过红外热像图分析软件（Therma CAM Reporter 2000）分析后，得知某10kV开关柜前门柜体上部最高温度为31℃，其相邻间隔开关柜最高温度为27℃，温差相差4℃。经停电检查发现，开关柜整体空间发热是由于该间隔电缆头处接触不良造成的。

3. 预防措施

（1）对电缆接头打磨、压紧，重新进行紧固。

（2）10kV电缆接入时应尽可能增加电缆头连接处的接触面积。

（3）在运行中对开关柜定期进行红外热像，及时发现异常情况。

1.10 引流线、线夹

1.10.1 断路器引流线发热红外热像典型图例

1. 异常简介

某日，对 220kV 某变电站 35kV 设备进行红外热像时，发现该 35kV 母联断路器引流线发热，温度达 142℃，热像时环境温度为 26℃，负荷电流为 130A，其红外热像图如图 1–179、图 1–180 所示。

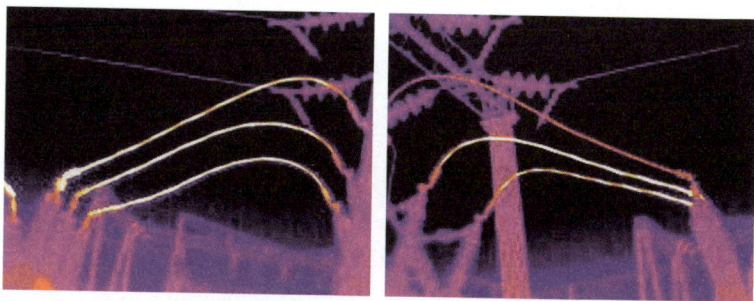

图 1–179 某 35kV 断路器与隔离开关引流线发热红外热像图

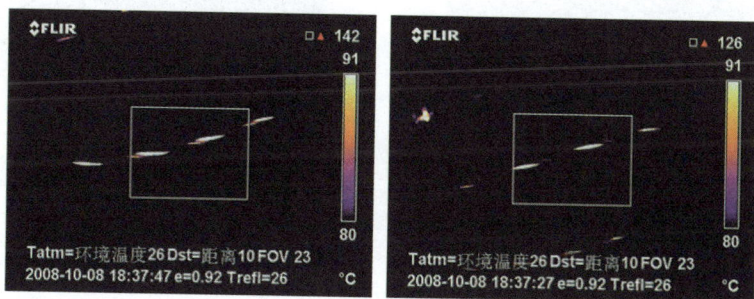

图 1–180 某 35kV 断路器与隔离开关之间 B 相引流线发热红外热像图

2. 异常分析

通过红外热像图片，可以清晰地看到引流线发热。引流线过热的原因如下：

（1）在特殊运行方式下，通过 35kV 母联带另一段母线负荷时，由于通过该处的电流过大，造成此处引流线过热。

（2）运行时间长造成氧化或老化。

（3）不当安装造成此处引流线散股或断股。

3. 预防措施

（1）停电更换引流线。

（2）根据引流线界面，合理确定载流量。

（3）避免导线损伤。

1.10.2 阻波器引流线发热红外热像典型图例

1. 异常简介

某日，对 110kV 某变电站设备进行红外热像时，发现某 110kV 阻波器引流线发热，热像时环境温度为 37℃，负荷电流为 180A。

（1）某 110kV 阻波器引流线发热温度达 96.4℃，阻波器及两侧引流线发热红外热像图如图 1-181 所示。

（2）某 110kV 阻波器引流线发热温度达 128℃，阻波器线路侧引流线夹处发热红外热像图如图 1-182 所示。

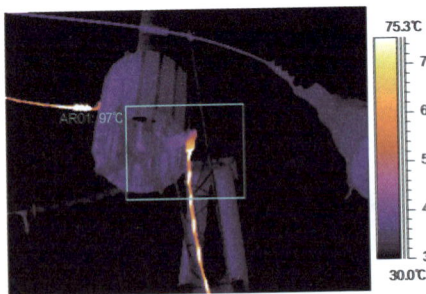

图 1-181　阻波器及两侧引流线发热
红外热像图

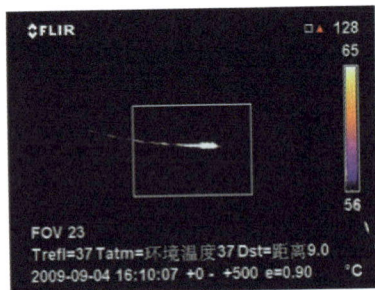

图 1-182　阻波器线路侧引流线夹处
发热红外热像图

（3）某 110kV 阻波器引流线发热温度达 97℃，阻波器隔离开关侧引流线发热红外热像图如图 1-183 所示，图 1-184 为阻波器线路引流线可见光图。

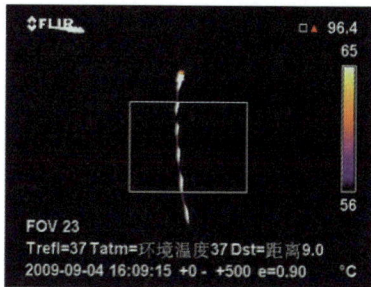

图1-183 阻波器隔离开关侧引流线
发热红外热像图

图1-184 阻波器线路侧引流线
可见光图

2.异常分析

通过红外热像图，可以清晰地看到引流线热。该110kV阻波器引线过热的原因：①引流线接头接触不良，长期发热，造成此处引流线烧伤，从图1-184中可以看到该引流线已出现断股现象；②不当安装造成此处引流线受伤。

3.预防措施

（1）停电将引流线进行更换。

（2）在运行中对阻波器引流线定期进行红外热像，及时发现烧伤、断股等异常情况。

1.10.3 220kV母线引流线夹发热红外热像典型图例

1.异常简介

某日，对220kV某变电站设备进行红外热像时，发现某220kV母线C相T形引流线夹发热，最高温度达140℃，热像时环境温度为30℃，负荷电流为180A，图1-185、图1-186为从不同角度获得的红外热像图。

（1）某220kV隔离开关C相母线引流线夹发热，温度达89.7℃，其正面红外热像图如图1-185所示。

（2）某220kV隔离开关C相母线引流线夹发热，温度达140℃，其侧面红外热像图如图1-186所示。

2.异常分析

通过红外热像图，可以清晰地看到引流T形线夹发热。该220kV引线过热的原因：①引流线接头接触不良，长期发热，造成此处引流线接触电阻过大；②不当安装造成此处引流线受伤。

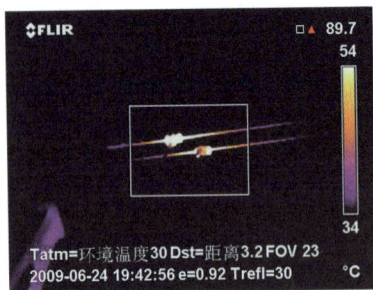

图 1-185　220kV 母线引流线夹发热　　　图 1-186　220kV 母线引流线夹发热
　　　　正面红外热像图　　　　　　　　　　　侧面红外热像图

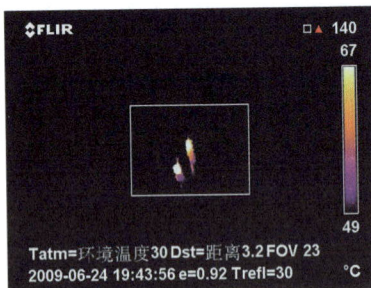

3. 预防措施

（1）立即停电将引流线夹更换，防止母线受损。

（2）在运行中对母线引流线夹定期进行红外热像，及时发现异常情况。

1.10.4　10kV 引流线发热红外热像典型图例

1. 异常简介

某日，对 110kV 某变电站设备进行红外热像时，发现某 10kV 引流线发热，温度达 39.9℃，热像时环境温度为 28℃，负荷电流为 180A。但是由于发热温度不太高，因此没有进行更换，而是由运行人员加强监视，其红外热像图如图 1-187 所示。

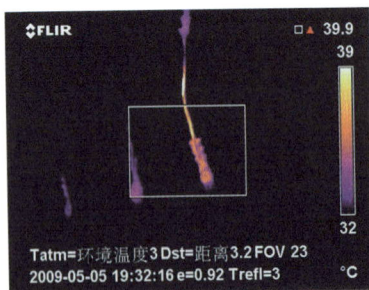

一段时间后对该 10kV 引流线进行热像发现温度达 74.3℃，热像时环境温度为 12℃，负荷电流为 180A。引流线出现多处断股，烧伤痕迹明显，其红外热像图如图 1-188 所示，图 1-189、图 1-190 为 10kV 引流线可见光图。

图 1-187　10kV 引流线发热
红外热像图（一）

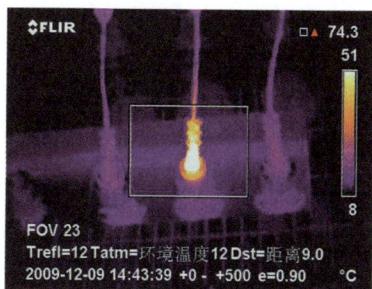

图 1–188　10kV 引流线发热
红外热像图（二）

图 1–189　10kV 引流线可见光图（一）

2. 异常分析

通过红外热像图，可以清晰地看到引流线发热。该 10kV 引线过热的原因：①引流线接头接触不良，长期发热，造成此处引流线烧伤；②不当安装造成此处引流线受伤。

3. 预防措施

（1）立即停电将引流线更换。

（2）在运行中对引流线夹定期进行红外热像，及时发现异常情况。

图 1–190　10kV 引流线可见光图（二）

1.10.5　10kV 出线龙门架下线夹发热红外热像典型图例

1. 异常简介

某日，对 110kV 某变电站设备进行红外热像时，发现某 10kV 龙门架下线夹发热，温度达 92℃，热像时环境温度为 28℃，负荷电流为 140A，其红外热像图如图 1–191 所示，图 1–192 为 10kV 出线龙门架下线夹可见光图。

2. 异常分析

通过红外热像图片，可以清晰地看到该母线排连接处发热。该 10kV 引线过热的原因：①母线排连接螺栓松动，造成发热；②不当安装造成此处龙门架下线夹受伤。

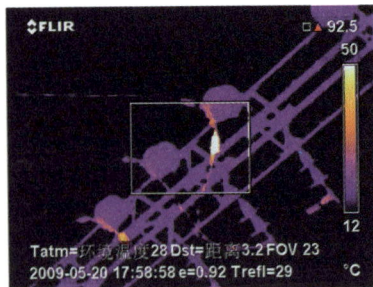

图 1-191　10kV 出线龙门架下线夹
发热红外热像图

图 1-192　10kV 出线龙门架下线夹
可见光图

3. 预防措施

（1）建议遇到停电机会时，对该处进行打磨、涂导电膏、紧固螺栓。

（2）在运行中对线夹定期进行红外热像，及时发现异常情况。

1.10.6　10kV 高压柜内铝排连接处发热红外热像典型图例

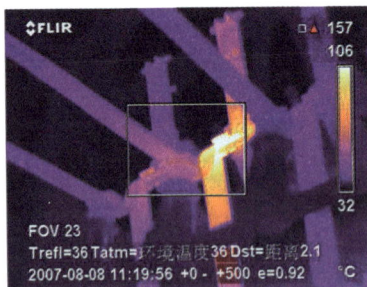

图 1-193　10kV 高压柜内铝排
连接处发热红外热像图

1. 异常简介

某日，对 110kV 某变电站设备进行红外热像时，发现某 10kV 开关柜内隔离开关铝排连接处发热，温度达 157℃，热像时环境温度为 36℃，负荷电流为 190A，其红外热像图如图 1-193 所示。

2. 异常分析

通过红外热像图，可以清晰地看到该开关柜内隔离开关动、静触头处发热。该开关柜内隔离开关动、静触头处的原因：①螺栓松动造成接触不良；②产品质量问题造成设备线夹断裂。

3. 预防措施

（1）立即停电将铝排连接螺栓更换，防止其断裂。

（2）对接触不好之处进行打磨、涂导电膏、压接紧固。

（3）在运行中对高压柜定期进行红外热像，及时发现异常情况。

1.10.7　10kV 高压柜柜上部穿盘套管处发热红外热像典型图例

1. 异常简介

某日，对 110kV 某变电站设备进行红外热像时，发现某 10kV 开关柜上部穿盘套管发热，温度达 82℃，热像时环境温度为 32℃，负荷电流为 210A，其红外热像图如图 1–194 所示。

2. 异常分析

通过红外热像图，可以清晰地看到该母线排连接处发热，该 10kV 母线排发热的原因是母线排连接螺栓松动。

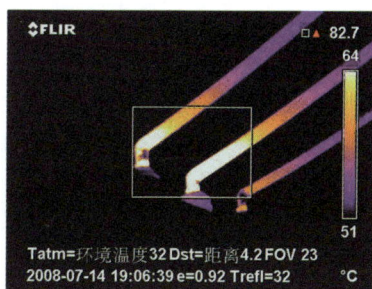

图 1–194　10kV 高压柜柜上部穿盘套管处发热红外热像图

3. 预防措施

（1）建议遇到停电机会时，对该处进行打磨、涂导电膏、紧固螺栓。

（2）在运行中对高压柜定期进行红外热像，及时发现异常情况。

1.10.8　110kV 出线引流线 T 形夹发热红外热像典型图例

1. 异常简介

某日，对 110kV 某变电站设备进行红外热像时，发现某 110kV 出线引流线 T 形夹发热，温度达 136℃，热像时环境温度为 38℃，负荷电流为 410A，其红外热像图如图 1–195 所示，图 1–196 为 110kV 出线引流线 T 形夹可见光图。

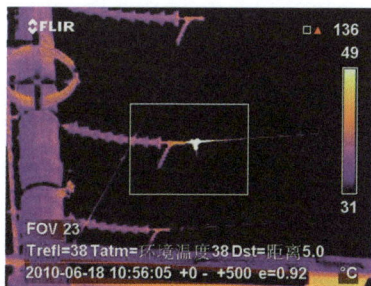

图 1–195　110kV 出线引流线 T 形夹发热红外热像图

图 1–196　110kV 出线引流线 T 形夹可见光图

2. 异常分析

通过红外热像图片，可以清晰地看到引流线夹发热。该 110kV 引线过热的原因：①引流线接头接触不良，长期发热，造成此处引流线接触电阻过大；②不当安装造成此处引流线受伤。

3. 预防措施

（1）立即停电将出线引流线 T 形夹更换，防止母线受损。

（2）在运行中对出线引流线定期进行红外热像，及时发现异常情况。

1.10.9 变压器 110kV 侧引流线夹发热红外热像典型图例

1. 异常简介

某日，对 110kV 某变电站设备进行红外热像时，发现某变压器与 110kV 母线之间引流线 C 相 T 形夹发热，温度达 122℃，热像时环境温度为 27℃，负荷电流为 100A。三相整体红外热像图如图 1–197 所示，C 相红外热像图如图 1–198 所示。

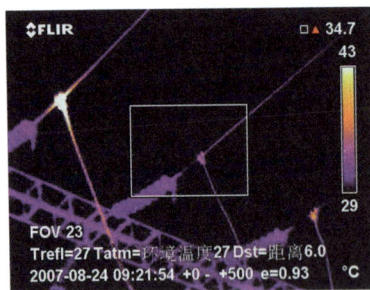

图 1–197　变压器 110kV 侧引流线夹　　图 1–198　变压器 110kV 侧引流线夹
发热三相整体红外热像图　　　　　　发热 C 相红外热像图

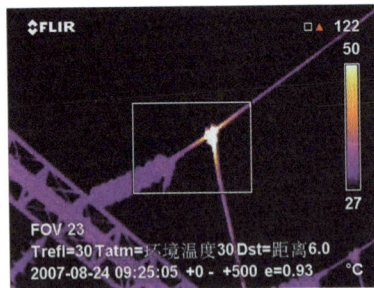

2. 异常分析

通过红外热像图片，可以清晰地看到引流线夹发热。该 110kV 引线过热的原因：①引流线接头接触不良，长期发热，造成此处引流线接触电阻过大；②施工工艺不良造成此处引流线受伤。

3. 预防措施

（1）立即停电将引流线夹更换，防止母线受损。

（2）在运行中对引流线夹定期进行红外热像，及时发现异常情况。

1.10.10　110kV 线路压接线夹连接处发热红外热像典型图例（1）

1.异常简介

某日，对 220kV 某变电站设备进行红外热像时，发现墙外某 110kV 线路压接线夹连接处发热，温度达 210℃，热像时环境温度为 32℃，负荷电流为 240A，其红外热像图如图 1-199 所示，图 1-200 为 110kV 线路压接线夹连接处可见光图。

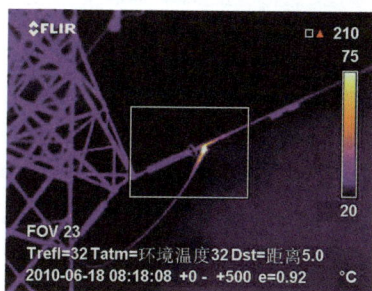

图 1-199　110kV 线路压接线夹
连接处发热红外热像图

图 1-200　110kV 线路压接线夹
连接处可见光图

2.异常分析

通过红外热像图片，可以清晰地看到该线路压接线夹连接处发热。该线路压接线夹连接处发热的原因：①螺栓压接不紧，接触电阻过大造成发热；②压接工艺不当安装造成压接线夹损伤。

3.预防措施

（1）停电时对该线夹处进行打磨、涂导电膏、紧固螺栓。

（2）在运行中对压接线夹定期进行红外热像，及时发现异常情况。

1.10.11　110kV 线路压接线夹连接处发热红外热像典型图例（2）

1.异常简介

某日，对 220kV 某变电站设备进行红外热像时，发现墙外某 110kV 线路第一级塔 C 相变电站侧压接线夹连接处发热，温度达 121℃，热像时环境温度为 33℃，负荷电流为 240A，其红外热像图如图 1−201 所示。

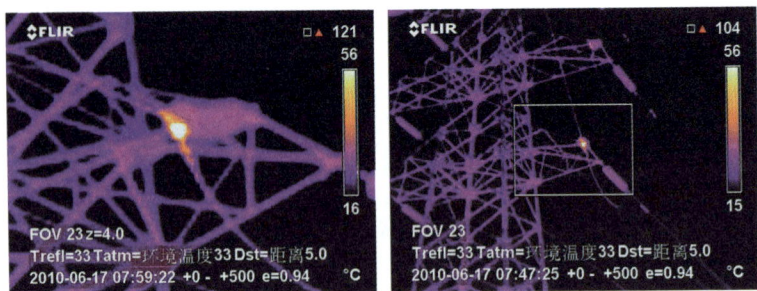

图 1−201　110kV 线路压接线夹连接处发热红外热像图

2. 异常分析

通过红外热像图，可以清晰地看到该线路压接线夹连接处发热。该线路压接线夹连接处发热的原因：①螺栓压接不紧，接触电阻过大造成发热；②压接工艺不良造成压接线夹损伤。

3. 预防措施

（1）停电对该线夹处进行打磨、涂导电膏、紧固螺栓。

（2）在运行中对线路压接线夹定期进行红外热像，及时发现异常情况。

1.11　穿　墙　套　管

穿墙套管需要重点检测的电气设备部位，见表 1−17。

表1−17　　　　　　　　穿墙套管需要重点检测的电气设备部位

穿墙套管	连接头、套管支撑板	大电流穿墙套管的支撑铁板未开口，引起涡流损耗发热

穿墙套管主要发热象征是由于大电流穿墙套管的支撑铁板未开口，引起较大的涡流损耗，使穿墙套管支撑板发热。

1.11.1 10kV 穿墙套管支撑板发热红外热像典型图例

1. 异常简介

某日，对某电厂设备进行红外热像时，发现穿墙套管支撑板发热，温度达 110℃，热像时环境温度为 31℃，负荷电流为 4000A，其红外热像图如图 1–202 所示。

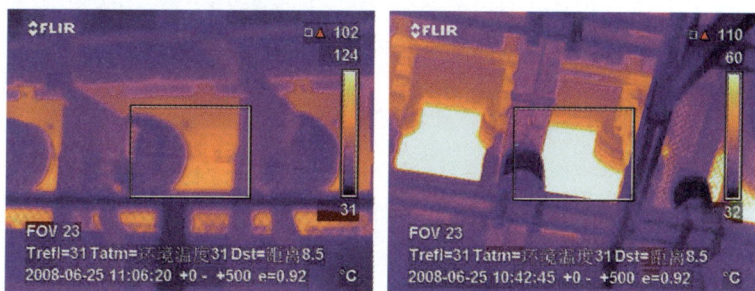

图 1–202　10kV 穿墙套管支撑板发热红外热像图

2. 异常分析

通过红外热像图，可以清晰地看到该穿墙套管支撑板发热。该穿墙套管支撑板发热的主要原因是在穿墙套管隔板上产生了涡流。

3. 预防措施

（1）立即停电对该支撑板开口。

（2）在运行中对穿墙套管定期进行红外热像，及时发现异常情况。

1.11.2 10kV 穿墙套管处线夹发热红外热像典型图例

1. 异常简介

某日，对 110kV 某变电站设备进行红外热像时，发现某 10kV 穿墙套管处线夹发热，温度达 48℃，热像时环境温度为 20℃，负荷电流为 189A，其红外热像图如图 1–203 所示。

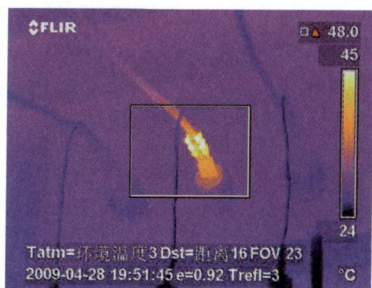

图 1–203　10kV 穿墙套管处线夹
发热红外热像图（一）

随后，进行了连续跟踪热像测温，热像时环境温度为12℃，负荷电流为260A，温度达171~193℃，其红外热像图如图1-204所示。

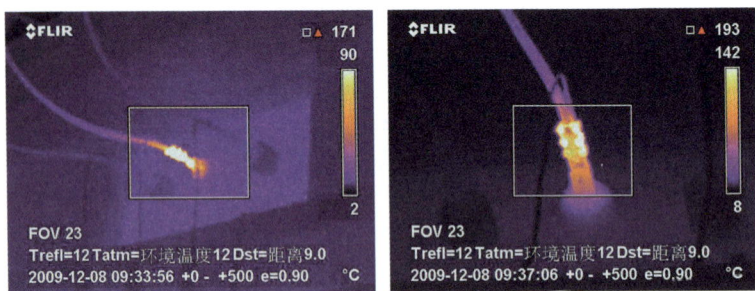

图1-204　10kV穿墙套管处线夹发热红外热像图（二）

2. 异常分析

通过红外热像图，可以清晰地看到引流线夹发热。该10kV引线线夹过热的原因：①引流线接头触电阻过大使其接触不良，长期发热，造成烧伤；②施工工艺不良造成此处引流线夹受伤。

3. 预防措施

（1）停电将引流线夹更换，防止该处烧断。

（2）在运行中对穿墙套管定期进行红外热像，及时发现异常情况。

1.11.3　10kV墙内穿墙套管与铝排连接处发热红外热像典型图例

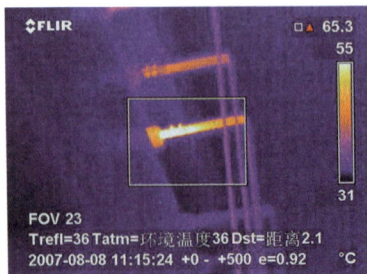

图1-205　10kV墙内穿墙套管与
铝排连接处发热红外热像图

1. 异常简介

某日，对110kV某变电站设备进行红外热像时，发现某10kV墙内穿墙套管与铝排连接处发热，温度达65.3℃，热像时环境温度为36℃，负荷电流为190A，其红外热像图如图1-205所示。

2. 异常分析

通过红外热像图，可以清晰地看到该开关柜墙内穿墙套管与铝排连接处发热。该墙内穿墙套管与铝排连接处发热的原因：①螺栓松动造成触电阻过大；②产品质量问题。

3. 预防措施

（1）遇到停电机会时将连接螺栓更换，防止其断裂。

（2）对接触不好之处进行打磨、涂导电膏、紧固压接处。

（3）在运行中对穿墙套管与铝排连接定期进行红外热像，及时发现异常情况。

1.11.4 10kV 高压室墙外穿墙套管连接处发热红外热像典型图例

1. 异常简介

某日，对 110kV 某变电站设备进行红外热像时，发现某 10kV 墙外穿墙套管连接处发热，温度达 105℃，热像时环境温度为 25℃，负荷电流为 160A，其红外热像图如图 1–206 所示。

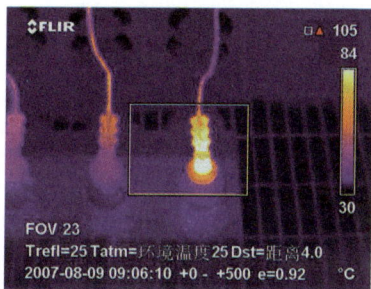

图 1–206 10kV 高压室墙外穿墙套管连接处发热红外热像图

2. 异常分析

通过红外热像图，可以清晰地看到该墙外穿墙套管连接处发热。该墙外穿墙套管连接处的原因：①螺栓松动造成触电阻过大；②产品质量问题造成此设备线夹断裂。

3. 预防措施

（1）立即停电将连接螺栓更换，防止其断裂。

（2）对接触不好之处进行打磨、涂导电膏、紧固压接处。

（3）在运行中对穿墙套管定期进行红外热像，及时发现异常情况。

第 2 章

变电站一次设备（电压型）现场发热红外热像典型图例

2.1 电压互感器

电压互感器需要重点检测的电气设备部位及常见故障类型，见表2-1。

表2-1　　　电压互感器需要重点检测的电气设备部位及常见故障类型

设备名称	重点检测部位	常见故障类型
电磁型电压互感器	本体	内部异常；缺油
电容式电压互感器	分压电容器	整体或局部有明显发热；上中部出现明显的温度差，可能是内部缺油
	中间变压器	内部损耗异常；缺油

电压互感器的常见故障如下：

（1）电磁型电压互感器。

1）内部损耗异常。电磁型电压互感器的储油柜表面温升及相间温差不得超过表2-2的规定，必要时可配合色谱及电气试验结果综合分析，确定缺陷性质及处理意见。

表2-2　　　　　电磁型电压互感器允许的最大温升和相间温差值

电压等级（kV）	表面最大温升（K）	相间温差（K）
6 ~ 10	—	4.0
35 ~ 66	5.0	1.5
110	5.0	1.5
220	6.0	1.8

2）缺油。在红外热像图上油气交界面清晰可辨。当油面降至储油柜以下时互感器的散热条件变差，可能会引起整体温度升高。

（2）电容式电压互感器。分压电容器部分及中间变压器部分，其内容同本节中1）、2）。

2.1.1　220kV 电压互感器内部故障红外热像典型图例

1.异常简介

某日，对 220kV 某变电站东母 220kV 电压互感器进行红外热像时，发现该电压互感器 C 相最高温度为 30℃，B 相最高温度为 28℃，A 相最高温度为 27℃。热像时环境温度为 20℃，其红外热像图如图 2-1 所示，图 2-2 为 220kV 电压互感器可见光图。

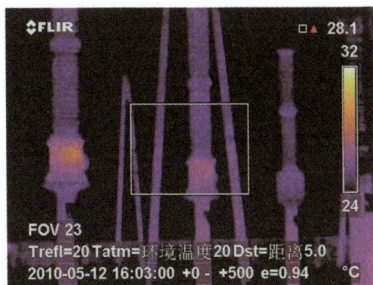

图 2-1　220kV 电压互感器内部故障
红外热像图

图 2-2　220kV 电压互感器可见光图

2.异常分析

发现此异常情况后，运行人员作为重大隐患上报给了相关部门。该电容式电压互感器 B 相、C 相是 1995 年的产品，A 相是 2002 年生产的，B、C 两相实测电容相同，具有可比性，C 相和 B 相温度相差 2℃，根据带电设备红外诊断应用规范，相间温差不应大于 2～3K，因此怀疑该电压互感器存在比较隐蔽的内部故障。将电容式电压互感器停电试验，发现 C 相因受潮、绝缘老化，其介质损耗增大，且有轻微渗漏油现象，由于电容式电压互感器现场修复比较困难，因此将 C 相进行了更换。送电正常后，对电压互感器再次进行了红外测温，发现其三相温度一致性较好。

3.预防措施

该缺陷属于电压致热型缺陷，温度相差很小，一般不太容易发现，需要仔细测量、认真分析，才能判断正确。由于该缺陷发现及时、处理及时，因此避免了设备损坏，节约了人力、物力、财力。

（1）红外测温时要认真细致，发现异常后，严格按红外诊断应用规范进行判断，并及时汇报管理部门。

（2）运行中定期或不定期对电压互感器进行红外测温，若发现温度异常，应停电试验，并进行综合分析。

（3）对同类设备也进行红外测温，防患于未然。

（4）下雪天气，要观察同类设备积雪的多少，初步判断是否发热。

2.1.2　35kV 电磁式电压互感器内部故障红外热像典型图例（1）

1. 异常简介

某日，对 220kV 某变电站 35kV 电磁式电压互感器进行红外热像时，发现 A 相最高温度为 44℃，B 相最高温度为 39℃，热像时环境温度为 36℃，其红外热像图如图 2-3 所示，对该电压互感器进行外观检查，发现有轻微渗漏油，图 2-4 为 35kV 电压互感器可见光图。

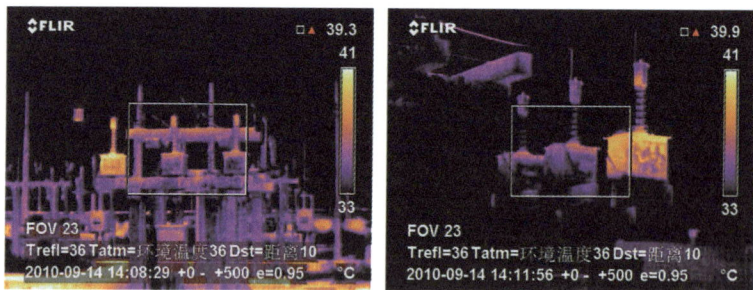

图 2-3　35kV 电压互感器内部故障红外热像图

图 2-4　35kV 电压互感器可见光图

2. 异常分析与处理

A 相最高温度与 B、C 相最高温度差为 4.7℃，A 相与环境温度相差 8℃，一般来说，相间温差不应大于 2～3K，与环境温度相差不大于 5℃。以此推断，A 相电压互感器可能存在缺陷。安排停电计划，对其进行检查性试验后，发现该 35kV 电磁式电压互感器缺油、介质损耗增大，油中含水量也超标。该电压互感器已运行近30年，长期轻微渗漏油，空气侵入，绝缘受潮老化，导致油中含水量超标、介质损耗增大。该电压互感器年久老化，已无修复价值，需进行更换。更换后投入运行，测温正常。更换后红外热像图如图2-5所示，图2-6为更换后的35kV电压互感器可见光图。

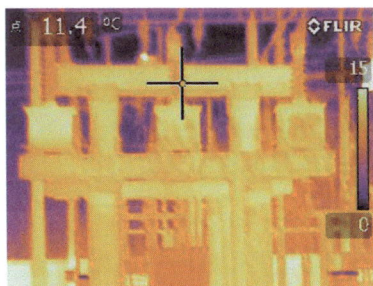

图2-5　35kV电压互感器更换后　　　　图2-6　更换后的35kV电压互感器
　　　　　红外热像图　　　　　　　　　　　　　　可见光图

3.预防措施

该缺陷属于电压致热型缺陷，三相之间温度相差相对较大，只要仔细测量、认真分析，还是比较容易发现异常。该缺陷属于比较严重的缺陷，由于发现及时，并进行了更换，避免了设备在运行中损坏，起到了预防事故的作用。

（1）对于老旧设备，巡视时要特别注意渗漏油情况，若渗漏油时间较长，便要考虑进行红外测温鉴定。

（2）下雪天气巡视时，要观察三相设备积雪的多少、融化的速度等，初步判断是否发热。

（3）外测温时要认真细致，发现异常时，要严格按红外诊断应用规范进行判断，并及时汇报管理部门。

（4）运行中定期或不定期对电压互感器进行红外测温，若发现温度异常，应停电试验，并进行综合分析。

（5）对运行25年以上的设备，要缩短红外测温和预防性试验周期，及时发现老化缺陷。

2.1.3　35kV 电磁式电压互感器内部故障红外热像典型图例（2）

1. 异常简介

某日，对 110kV 某变电站 35kV 电磁式电压互感器进行红外热像时，发现 A 相最高温度为 24℃，B 相最高温度为 21℃，对该电压互感器进行外观检查，发现有渗漏油情况，热像时环境温度为 20℃，其红外热像图如图 2-7 所示。

2. 异常分析与处理

从三相最高温度来看，A 相最高温度与 B、C 相最高温度差为 2.8℃，根据带电设备红外诊断应用规范规定，相间温差一般不大于 2～3K，如果温差超过规定，则内部有可能存在缺陷。计划安排该设备停电检查，发现该电压互感器有渗漏油现象，绝缘电阻与上次相比有所下降，其为受潮所致，将该电压互感器进行了更换，运行正常，图 2-8 为更换后的 35kV 电压互感器可见光图。

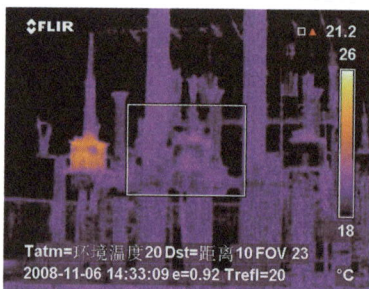

图 2-7　35kV 电压互感器内部故障　　图 2-8　更换后的 35kV 电压互感器
　　　　　红外热像图　　　　　　　　　　　　　　可见光图

3. 预防措施

该缺陷属于电压致热型缺陷，三相之间温度相差 2.8℃，该缺陷不属于危急缺陷，可以坚持运行一段时间，但要尽快组织备品，安排处理或更换。可采取如下预防措施：

（1）运行中定期或不定期对电压互感器进行红外测温，若发现温度异常，应停电试验，并进行综合分析。

（2）巡视时要注意设备是否渗漏油，同时考虑进行红外测温鉴定。

（3）外测温时要认真细致，三相温度比较时，按红外诊断应用规范进行判断。

（4）下雪天气巡视，要观察三相设备积雪的多少、融化的速度等，初步判断是否发热。

2.2 抽压电压互感器

抽压电压互感器需要重点检测的电气设备部位及常见故障类型，见表2–3。

表2–3　抽压电压互感器需要重点检测的电气设备部位及常见故障类型

设备名称	重点检测部位	常见故障类型
电磁型电压互感器	本体	内部异常；缺油
电容式电压互感器	分压电容器	整体或局部有明显发热；上中部出现明显的温度差，可能是内部缺油
	中间变压器	内部损耗异常；缺油

电压互感器的常见故障如下：

（1）电磁型电压互感器。

1）内部损耗异常。电磁型电压互感器的储油柜表面温升及相间温差不得超过表2–4中的规定，必要时可配合色谱及电气试验结果综合分析，确定缺陷性质及处理意见。

表2–4　　　电磁型电压互感器允许的最大温升和相间温差值

电压等级（kV）	表面最大温升（K）	相间温差（K）
6 ~ 10	—	4.0
35 ~ 66	5.0	1.5
110	5.0	1.5
220	6.0	1.8

2）缺油。在红外热像图上油气交界面清晰可辨。当油面降至储油柜以下时互感器的散热条件变坏，可能会引起整体温度升高。

（2）电容式电压互感器。分压电容器部分及中间变压器部分，其内容同本节中1）、2）。

2.2.1 110kV 线路抽压电压互感器发热红外热像典型图例（1）

1.异常简介

某日，对 220kV 某变电站 110kV 线路抽压电压互感器进行红外热像时，发现某线路抽压电压互感器最高温度达 38.8℃，热像时环境温度为 18℃，该抽压电压互感器最高温度与环境温度相差 20.8℃，其红外热像图如图 2-9 所示，图 2-10 为 110kV 线路抽压电压互感器可见光图。

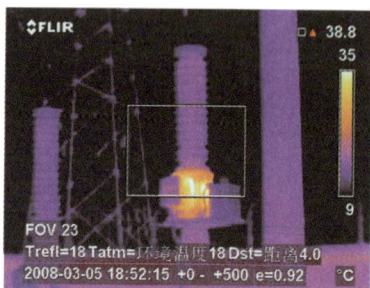

图 2-9　110kV 线路抽压电压互感器发热红外热像图

图 2-10　110kV 线路抽压电压互感器可见光图

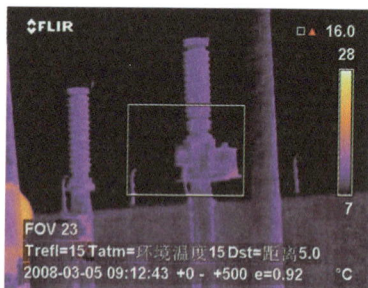

图 2-11　正常的 110kV 线路抽压电压互感器发热红外热像图

当天上午已测量的另外一台抽压电压互感器，环境温度为 15℃，其红外测温最高温度为 16℃，最高温度与环境温度仅差 1℃，如图 2-11 所示。

2.异常分析与处理

如图 2-9 所示，抽压电压互感器的最高温度比环境温度高 20.8℃。一般来说，线路抽压电压互感器正常运行时，其表面的温度比环境温度高一些，如果其表面温度超过环境温度 5℃，就应当引起注意，缩短检测周期，加强监视，及时发现异常。而该线路抽压电压互感器温度比环境温度高出了 20.8℃，可以判定内部存在故障。停电进行试验，抽压电压互感器的互感器部分介质损耗增大，此抽压电压互感器已不能继续使用，对其进行了更换。

3. 预防措施

该缺陷属于电压致热型缺陷，线路抽压电压互感器为单只，无法进行相间比较。该缺陷属于相对比较严重的缺陷，要立即安排停电，进行试验诊断，确有异常，应进行处理或更换。可采取如下措施：

（1）测温前，应做好前期准备工作，搜集足够多的抽压电压互感器红外图谱、数据，进行总结归纳，便于测量中进行比对、分析。

（2）运行中定期或不定期对抽压电压互感器进行红外测温，若发现温度异常，应停电进行检查性试验鉴定。

（3）红外测温时要细致、认真，发现异常，要进行温度差异比较和分析，并按红外诊断应用规范进行判断。

（4）下雪天气巡视，要观察设备有无积雪、积雪多少、融化速度等，初步判断是否发热。

2.2.2 110kV 线路抽压电压互感器发热红外热像典型图例（2）

1. 异常简介

2011 年 3 月 31 日晚，天气晴好，环境温度为 10℃，在对某 110kV 变电站某 110kV 线路抽压电压互感器进行红外热像时，发现该线路抽压电压互感器最高温度为 27.2℃，该电压互感器最高温度与环境温度相差 17.2℃，其红外热像图如图 2-12 所示，图 2-13 为其可见光图，正常相与异常相对比红外热像图如图 2-14 所示。

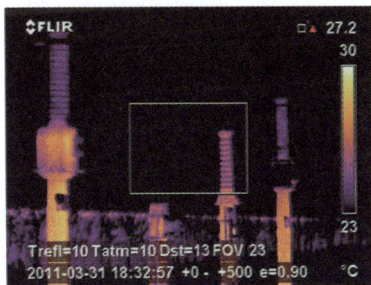

图 2-12　110kV 线路抽压电压互感器
发热红外热像图

图 2-13　110kV 线路抽压电压互感器
可见光图

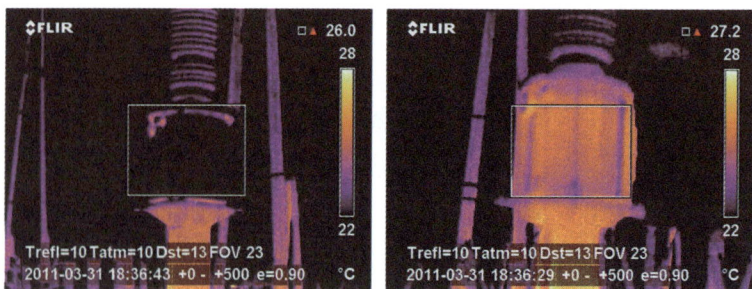
图 2-14　110kV 线路抽压电压互感器正常相与异常相对比红外热像图

2. 异常分析与处理

从图 2-12 可以看出，抽压电压互感器的最高温度比环境温度高 17.2℃，与同类型正常设备相比，最高温度相差 7℃。说明该抽压电压互感器可能存在缺陷。安排计划停电，对其进行检查后发现，此抽压电压互感器的互感器部分绝缘下降、介质损耗增大，对该抽压电压互感器进行了更换。

3. 预防措施

该缺陷属于电压致热型缺陷，最高温度与环境温度的温差较大，应停电进行诊断性试验，确认线路抽压电压互感器有缺陷后，根据严重程度适时安排停电，进行处理或更换。该类缺陷虽然没有电流致热型那么容易判断，但是只要在测温过程中认真总结经验，还是可以及时发现问题的。可采取如下预防措施：

（1）运行中定期或不定期对抽压电压互感器进行红外测温，及时发现温度异常。

（2）红外测温时若发现温度异常，要认真进行温度差异比较和分析，判断设备的健康程度，若怀疑有问题，应停电进行试验，以判断设备是否存在缺陷。

（3）测温人员要善于总结经验，便于测量中进行分析、比对，做出正确的判断。

（4）下雪天气巡视，要观察设备有无积雪、积雪多少、融化速度等，初步判断是否发热。

2.2.3　220kV 线路抽压装置发热红外热像典型图例

1. 异常简介

某日，对 220kV 某变电站 220kV 线路抽压装置进行红外热像时，发现某线路抽压装置最高温度达 44.9℃，热像时环境温度为 30℃，其红外热像图如图 2-15 所示，图 2-16 为其可见光图。

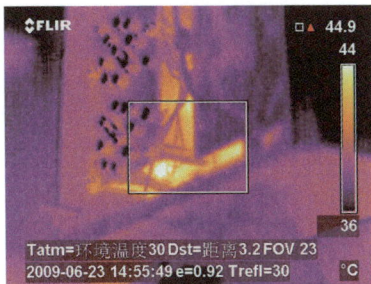

图 2-15　220kV 线路抽压装置发热
红外热像图

图 2-16　220kV 线路抽压装置
可见光图

2. 异常分析与处理

该抽压装置运行年限较长，在长期运行过程中，调压线圈匝间短路，造成发热。运行人员上报缺陷后，对装置进行了更换。

3. 预防措施

（1）停电测量抽压装置调压线圈直流电阻，查明故障原因。

（2）定期对抽压装置进行红外热像，及时发现异常。

2.3　耦 合 电 容 器

耦合电容器需要重点检测的电气设备部位及常见故障类型，见表 2-5。

表2-5　　耦合电容器需要重点检测的电气设备部位及常见故障类型

设备名称	重点检测部位	常见故障类型
耦合电容器	本体	整体或局部有明显发热

耦合电容器常见故障为：耦合电容器缺陷的判断按表 2-6 的规定执行，当热像异常或温升超标或同类温差超标时，应用其他试验手段确定缺陷性质及处理意见。

表2-6　　　　　　　　耦合电容器允许的最大温升及同类温差参考值

电压等（kV）	正常热像特征	正常热像特征	允许温升（K）	同类温差（K）
35	瓷套表面有轻微发热		膜纸 0.5 油纸 1.0	— —
110 ~ 220		整体或局部有明显发热	膜纸 1.5 油纸 3.0	0.5 1.0
330	瓷套表面有一定发热		膜纸 2.0 油纸 4.0	0.6 1.2
500			膜纸 2.0 油纸 5.0	0.6 1.5

注　耦合电容器上中部出现明显的温度梯度，可能是内部缺油，应根据具体情况判断。

耦合电容器接地端子处发热红外热像典型图例

1. 异常简介

某日，对 220kV 某变电站 110kV 线路耦合电容器进行红外热像时，发现耦合电容器接地端子处最高温度达 43.4℃，且比其余两相均高，当时环境温度为 20℃，其红外热像图如图 2-17 所示，图 2-18 为其可见光图。

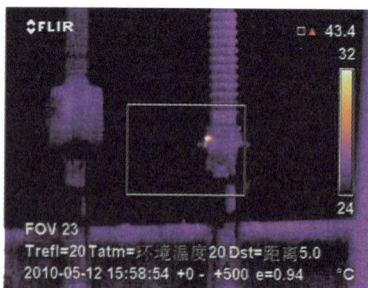

图 2-17　耦合电容器接地端子处　　图 2-18　耦合电容器接地端子处
　　（A 相）发热红外热像图　　　　　　可见光图

2. 异常分析

为了保障安全供电，转移负荷对其停运后展开抢修，经检查发现，耦合电容器接地端子处端子压接不规范，将螺栓改为压接后，缺陷消除。

3. 预防措施

（1）安装单位加强施工管理，严把施工工艺，严格执行标准化施工。

（2）验收时应严格把关，将缺陷隐患消除在根源。

（3）运行中定期对耦合电容器进行红外热像，及时发现异常。

2.4 避 雷 器

避雷器需要重点检测的电气设备部位及常见故障类型，见表2–7。

表2–7　　　避雷器需要重点检测的电气设备部位及常见故障类型

设备名称	重点检测部位	常见故障类型
避雷器	本体	受潮；裂纹

避雷器常见故障如下：

（1）普阀式避雷器。普阀式避雷器的判断可按表2–8的规定执行，当热像异常或相间温差超过规定时，应用其他试验手段确定缺陷的性质及处理意见。

表2–8　　　FZ型避雷器允许的工作温升及相间温差参考值

电压等级（kV）	正常热像特征	正常热像特征	允许温升（K）	相间温差（K）
FZ–3～6	瓷套中上部有微弱发热	发热区温升异常增大	0.5 或 1.0	—
FZ–10			1.0 或 1.5	0.5
FZ–15～35	瓷套上、下各有一微弱发热区	各发热区或元件间温升不一致，整体或个别元件温升异常	1.5 或 2.0	0.6
FZ–40～60			2.0 或 3.0	0.9
FZ–110	大多数组合元件的上部有一发热	元件发热程度不符合自上而下依次降低的规律，整体和个别元件温升异常	3.0 或 5.0	1.5
FZ–220	各元件上部有一发热区，且元件温升自上而下依次降低		7.0 或 9.0	2.7

注　1. 配电型普阀避雷器正常时按近环境温度，凡出现热区者均属异常。

　　2. 允许工作温升的大值适用于室内设备，小值适用于无风条件下的室外设备。

（2）磁吹避雷器。磁吹避雷器的诊断可按表 2-9 的规定执行。当热像异常或相间温差超过规定时，应用其他试验手段确定缺陷性质及处理意见。

表2-9　　　　　FCZ型避雷器允许的相间温差及最大温升参考值

电压等级（kV）	正常热像特征	正常热像特征	允许温升（K）	相间温差（K）
FCZ-35	瓷套整体有微弱发热	局部或整体明显发热	0.5 或 1.0	—
FCZ-110			1.0 或 1.5	0.5
FCZ-220	瓷套整体有一定发热且上节温度略高	组合元件温升不符合上部略高的规律，局部或整体明显发热	2.0 或 2.5	0.8
FCZ-330			2.5 或 3.0	0.9
FCZ-500			4.0 或 5.0	1.5

注　1. 机电型 2～15 kV 的磁吹避雷器正常时瓷套基本无发热，凡出现明显热区者均为异常。
　　2. 允许工作温升的大值适用于室内设备，小值适用于无风条件下的室外设备。

（3）金属氧化物避雷器。无间隙金属氧化物避雷器的诊断可按表 2-10 的规定执行，当热像异常或相间温差超过规定时，应用其他试验手段确定缺陷性质及处理意见。

表2-10　　　金属氧化物避雷器允许的相间温差及最大工作温升参考值

电压等级（kV）	正常热像特征	正常热像特征	允许温升（K）	相间温差（K）
3～20	整体有轻微发热，热场分布基本均匀	整体或局部有明显发热	0.5	—
35～60			1.0	—
110			1.0 或 1.5	0.5
220			1.5 或 2.0	0.6
330～500			3.0 或 4.0	1.2

注　1. 有间隙金属氧化物避雷器正常时整体温度与环境温度基本相同，凡出现整体或局部发热区者均为异常。
　　2. 允许工作温升的大值适用于室内设备，小值适用于无风条件下的室外设备。

2.4.1 线路龙门架处避雷器发热红外热像典型图例

1.异常简介

某日，对 110kV 某变电站 110kV 设备进行红外热像时，发现该变电站三条 110kV 线的龙门架处线路避雷器均发热，温度分别为 41.6、31.9、36.5℃，当时环境温度为 10℃。

（1）某 110kV 线路的龙门架处线路避雷器发热温度为 41.6℃，其红外热像图如图 2-19 所示，图 2-20 为 110kV 龙门架处线路避雷器可见光图。

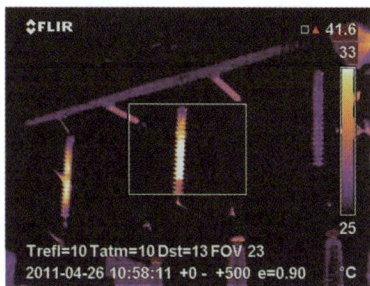

图 2-19　110kV 龙门架处线路
避雷器处发热红外热像图（41.6℃）

图 2-20　110kV 龙门架处线路避雷器
可见光图（41.6℃）

（2）某 110kV 线路的龙门架处线路避雷器发热温度为 31.9℃，其红外热像图如图 2-21 所示，图 2-22 为 110kV 龙门架处线路避雷器可见光图。

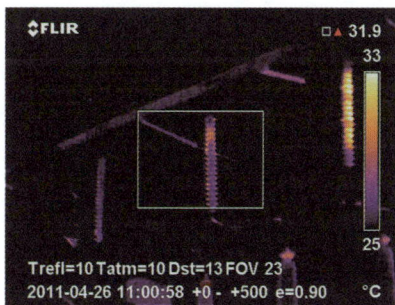

图 2-21　110kV 龙门架处线路避雷器
处发热红外热像图（31.9℃）

图 2-22　110kV 龙门架处线路避雷器
可见光图（31.9℃）

（3）某 110kV 线路的龙门架处线路避雷器发热温度为 36.5℃，其红外热像图如图 2–23 所示，图 2–24 为 110kV 龙门架处线路避雷器可见光图。

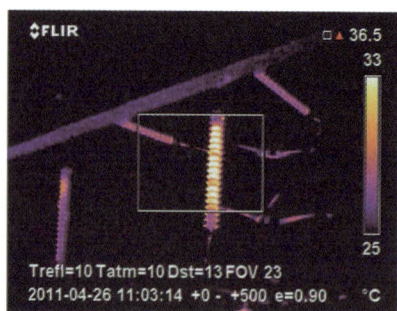

图 2–23　110kV 龙门架处线路避雷器
处发热红外热像图（36.5℃）

图 2–24　110kV 龙门架处线路避雷器
可见光图（36.5℃）

2.异常分析

避雷器存在内部缺陷，在高场强环境中，介损大、泄漏电流超标、起热明显，因此造成了红外热像图异常。停电后，进行高压试验，发现其三处避雷器泄漏电流严重超标。安排停电后，进行检修，图 2–25 ～图 2–29 为避雷器的相关可见光图。

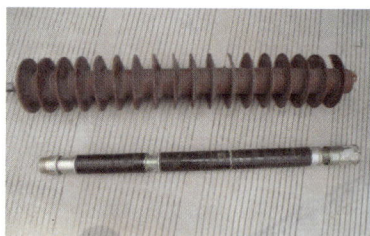

图 2–25　避雷器故障点对应位置
可见光图

图 2–26　避雷器故障位置绝缘护套
解剖与对应芯棒位置可见光图

图 2–27　避雷器故障阀片局部外部
特写可见光图

图 2–28　避雷器故障阀片氧化锌面
特写可见光图

3. 预防措施

（1）更换避雷器。

（2）定期对设备进行红外热像，及时发现异常。

2.4.2 母线避雷器发热红外热像典型图例

1. 异常简介

2012 年 7 月 3 日 21：20 分，对 220kV 某变电站 220kV 设备进行红外热像时，发现该变电站 220kV 东母避雷器 C 相上节局部发热，发热温度为 36.6℃，明显与其他两相出现 5℃的温差，当时环境温度为 26℃。且该避雷器 C 相泄漏电流为 1.7mA，高出正常值范围，其红外热像图如图 2–30、图 2–31 所示。

图 2–29　避雷器正常阀片氧化锌面特写图可见光图

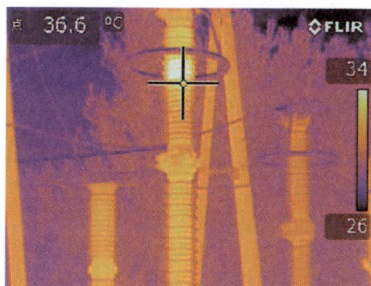

图 2–30　220kV 东母避雷器 C 相发热红外热像图

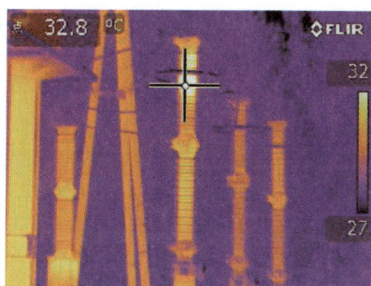

图 2–31　220kV 东母避雷器三相对比红外热像图

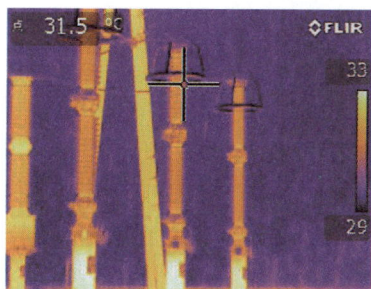

图 2–32　新更换的 220kV 东母避雷器红外热像图

2. 异常分析与处理

由于该 220kV 避雷器 C 相泄漏电流已严重超标，若系统过电压、短路电流冲击或遇到雷电天气时随时有可能爆炸。因此随即安排停电后进行检查，发现避雷器存在受潮内部缺陷，在高场强环境中，发热明显，造成红外热像图异常。检修时发现该避雷器已出现裂纹，因此对其进行更换处理。图 2–32 为新更换的 220kV

东母避雷器红外热像图。测量时间是 2012 年 7 月 9 日 19：40 时，环境温度为 36℃。

　　3. 预防措施

　　（1）更换避雷器。

　　（2）雷雨天气过后及时对设备进行红外热像，及时发现异常。

第3章

变电站二次设备现场
红外热像典型图例

3.1 保护屏、测控屏、录波屏

保护屏、测控屏、录波屏需要重点检测的电气设备部位及常见故障类型，见表 3–1。

表3–1　保护屏、测控屏、录波屏需要重点检测的电气设备部位及常见故障类型

重点检测部位	常见故障类型
保护屏电流互感器接线端子	试验端子、接线端子、空气断路器接线松动、锈蚀造成接触不良，引起发热
测控屏电流互感器接线端子	
计量屏电流互感器接线端子	
录波屏电流互感器接线端子	
保护屏空气断路器接线端子	
测控屏空气断路器接线端子	

保护屏、测控屏、录波屏主要发热象征如下：

（1）保护屏、测控屏、录波屏内端子排接触不良发热。屏内部主要是端子及其端子排，红外热像图上存在明显热区。

（2）保护屏、测控屏内空气断路器大电流引起发热。保护屏、测控屏内存在提供低压的动力电源，经常有大电流引起发热，在红外热像图上出现相比其他相别高出 20 ~ 30K。

3.1.1 故障录波屏二次电流端子发热红外热像典型图例

1. 异常简介

2006 年 12 月 4 日 10：14 左右，天气晴好，环境温度为 23℃，对某 220kV 变电站二次设备进行红外热像时，发现该变电站 110kV 故障录波器 A431 端子发热异常，温度达 110℃，其他端子均在 20℃左右，对比观察存在严重发热现象，其红外热像图如图 3–1 所示，可见光图如图 3–2 所示。

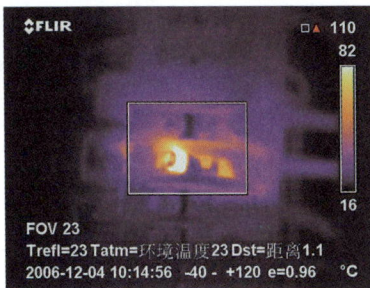

图 3-1　110kV 故障录波器 A431　　　图 3-2　110kV 故障录波器 A431
　　　　端子红外热像图　　　　　　　　　　　端子可见光图

2. 异常分析与处理

该故障录波器 A431 端子与其他端子对比最高温度是其他端子最高温度的 5 倍，A431 端子明显存在发热缺陷。为防止该电流端子发热情况进一步恶化，造成电流互感器回路开路，影响设备安全稳定可靠运行，运行人员立即对该端子进行紧固处理，发热现象消除。

3. 预防措施

保护屏电流二次端子排接触不良，螺栓紧固不到位，这是比较常见的缺陷，主要是安装、维护质量问题，这类缺陷只要及时发现，处理起来比较简单。可采取如下预防措施：

（1）施工单位安装、检修时要加强施工管理，抽查复检到位，确保端子排螺栓紧固到位。

（2）把好安装质量关，严格执行验收制度，必要时对二次电流端子逐个紧固检查。

（3）严格执行红外测温有关规定，及时发现异常现象并采取相应措施消除。

（4）运行人员要重点巡视重要保护装置二次端子，若有异常现象，及时进行红外测温，发现问题及时汇报。

3.1.2　主变压器保护屏二次电流端子发热红外热像典型图例（1）

1. 异常简介

2009 年 4 月 28 日 19：12 左右，天气阴，对某 110kV 变电站二次设备进行

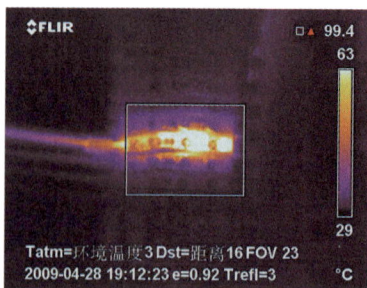

图 3-3 主变压器保护屏二次电流
端子发热红外热像图

红外热像时，发现该变电站 2 号主变压器保护柜 A531 电流端子发热，温度为 99.4℃，此时负荷为 10MVA（容量为 30MVA），其红外热像图如图 3-3 所示。

2. 异常分析与处理

该主变压器保护柜 A531 电流端子与其他端子相比较，A531 端子明显存在发热缺陷。发现此异常情况后，运行人员立即向调度汇报。检修时发现，该端子已明显发生松动现象，若不及时处理，容易发生松断、脱落现象，导致保护装置误动或拒动，严重影响设备可靠性。检修人员进行处理后，对该 A531 电流端子进行多次测温，发热现象消除。

3. 预防措施

（1）加强工程施工质量监理关，确保安装工艺合格。

（2）对工作人员进行责任心教育，并实行安装、检修质量责任追究制度。

（3）提高设备维护质量，确保设备定检工作中的端子紧固项目及时到位。

（4）红外测温是发现二次装置异常的有效手段，对重要保护装置的测温要增加次数。

3.1.3 主变压器测控屏二次电流端子发热红外热像典型图例（2）

1. 异常简介

2009 年 5 月 8 日 17：20 左右，天气晴好，对某 220kV 变电站二次设备进行红外热像时，发现该变电站 1 号主变压器测控屏内 A412 电流端子发热，温度为 44.3℃，其他端子最高温度为 35℃，其红外热像图如图 3-4 所示。

2. 异常分析与处理

该变电站 1 号主变压器测控屏内 A412 电流端子温度相比其他端子高出 10℃左右，存

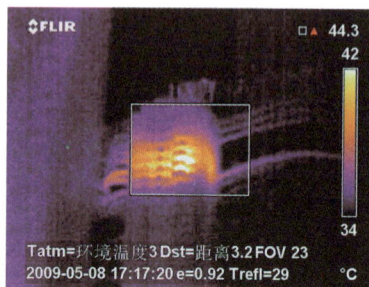

图 3-4 主变压器保护屏二次电流
端子发热红外热像图

在发热异常。发现此异常情况后，运行人员立即作为严重缺陷向调度汇报，运维检修部门按计划安排，进行缺陷处理，经检查发现端子接线螺栓紧固不到位，设备安装工艺不良。待检修人员进行处理后，发热现象消除。

3. 预防措施

主变压器测控屏内端子排接触松动缺陷属于安装工艺、运行维护问题。一旦发生问题，容易导致保护装置误动或者拒动，对设备可靠性造成影响。可采取如下预防措施：

（1）施工单位安装、检修时要加强施工管理，抽查复检到位，确保端子排螺栓紧固到位。

（2）加强管理，提高安装人员的责任心，对施工质量实行责任追究制度。

（3）认真开展设备定期检验时的端子紧固排查工作。

（4）运行中定期或不定期对设备进行红外测温，可以及时发现异常，合理安排计划处理。

3.1.4　母差保护屏电流端子发热红外热像典型图例

1. 异常简介

2009年5月8日17：30左右，天气晴好，环境温度为25℃，对某220kV变电站二次设备进行红外热像时，发现该变电站220kV母差保护屏右侧端子排上端4-6端子处发热，温度达60.3℃，其红外热像图如图3-5所示，可见光图如图3-6所示。

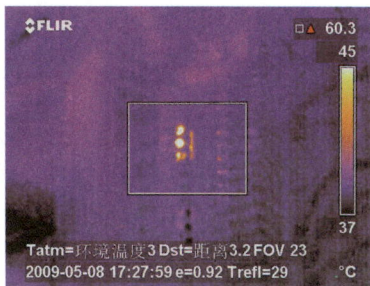

图3-5　母差保护屏电流4-6端子
发热红外热像图

图3-6　母差保护屏电流4-6端子
可见光图

2. 异常分析与处理

该母差保护屏电流 4–6 端子存在发热异常，温度达 60.3℃，比其他端子最高温度高出 20℃。初步判断该端子发热原因是由于设备安装工艺不良、端子接线螺栓压接不紧、长期通过大电流所致。运行人员立即作为紧急缺陷向调度汇报，经检修人员检查发现端子接线已明显松动，处理后多次测温均正常，发现发热现象均消除。

3. 预防措施

母差保护装置属于变电站重要保护装置，经常存在大电流通过。该母差保护屏电流端子异常属于施工质量、日常维护问题，此类缺陷相对常见。由于及时发现异常，且处理及时，未出现发热熔断现象，处理起来相对简单。可采取如下预防措施：

（1）首先要把好产品监造关，在出厂前及时发现隐患、及时进行处理。

（2）其次要把好验收关，对端子排常见问题要有敏感性。

（3）投运带负荷后要及时进行红外测温，比较保护屏内各端子排的温差，尤其是负荷较大时，若温差明显，即使温度不高也要追踪测温和分析，发现异常及时处理。

（4）运行中定期或不定期对设备进行红外测温，可以及时发现异常，合理安排计划处理。

3.1.5 35kV 线路保护屏电流端子发热红外热像典型图例

1. 异常简介

2009 年 5 月 18 日 17：30 左右，天气晴好，环境温度为 26℃，对某 110kV 变电站二次设备进行红外热像时，发现该变电站 35kV 线路保护屏某分路的 A412 端子发热，温度为 43.3℃，其红外热像图如图 3–7 所示，可见光图如图 3–8 所示。

2. 异常分析与处理

该变电站 35kV 线路保护屏某分路的 A412 端子发热，温度为 43.3℃，比其他端子温度高出 12℃，存在发热异常。初步分析该端子发热原因是接线压接螺栓松动，接触不良。由于及时发现缺陷，没有对设备造成严重损害。检修人员重新对螺栓进行压接，修复后对该端子排进行多次测温，温度均正常。

图 3-7　保护屏电流端子发热
红外热像图

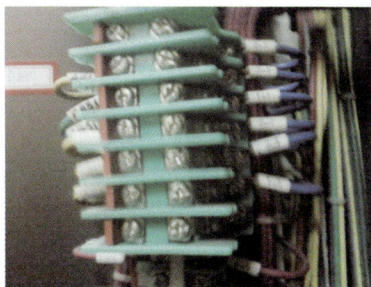

图 3-8　保护屏电流端子可见光图

3. 预防措施

保护屏电流二次端子排温度异常存在隐患，发热温度较高，时间较长可能导致端子排变形熔断等严重后果。只有及时发现，才能防止事故发生。可采取如下预防措施：

（1）保护装置安装或检修后，严格落实三级验收制度，确保接线压接螺栓良好。

（2）安装、检修后，带负荷后及时进行红外测温，检验施工质量。

（3）建议缩短二次设备的红外热像周期，及时发现安全隐患。

（4）对工作人员进行责任心教育，并实行安装、检修质量责任追究制度。

3.1.6　110kV 线路测控屏空气断路器发热红外热像典型图例

1. 异常简介

2013 年 7 月 8 日 13：55 左右，天气晴好，环境温度为 30℃，对某 220kV 变电站设备进行红外热像时，发现该变电站 110kV 线路测控屏空气断路器接线处发热，温度达 41.3℃，其他各处温度均在 34℃左右，其红外热像图如图3-9 所示。

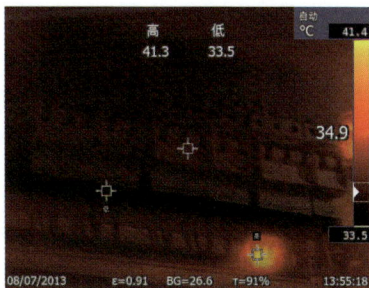

图 3-9　110kV 线路测控屏空气断路
器发热红外热像图

2. 异常分析与处理

该 110kV 线路测控屏内空气断路器温度比其他断路器温度相对较高，存在发热异常。初步判断为空气断路器接线压接不到位存在虚接现象或者空气断路器下部引线存在绝缘破坏等原因。运行人员加强运行维护，经检查发现空气断路器接线螺栓紧固不到位，设备安装工艺不良，经过处理后，发热现象消除，多次测温均正常。

3. 预防措施

线路测控屏内空气断路器经常存在大电流通过，由于接线压接不到位存在虚接现象或者空气断路器下部引线存在绝缘破坏导致发热异常比较常见。加强运行维护，及时发现、及时处理，以此减少异常对设备产生的危害。可采取如下预防措施：

（1）对测控屏内空气断路器等大电流设备加大巡视检查，排查治理隐患。

（2）坚持红外测温日常工作，对重载设备、老旧设备进行定期或者不定期红外测温。

（3）投运带负荷后要及时进行红外测温，比较屏内各空气断路器温差，尤其是负荷较大时。若温差明显，即使温度不高也要追踪测温和分析，发现异常及时处理。

（4）加强运行监视，发现异常后及时检查试验、及早发现缺陷，减少对设备的危害。

3.2 机 构 箱

机构箱需要重点检测的电气设备部位及常见故障类型，见表 3-2。

表3-2　　　　　机构箱需要重点检测的电气设备部位及常见故障类型

重点检测部位	常见故障类型
断路器机构储能回路	空气断路器、接线端子松动发热
	中间继电器（常励磁）触点发热
机构箱驱潮装置	机构箱驱潮装置故障
	机构箱驱潮装置控制回路故障发热

机构箱主要发热象征如下：

（1）断路器机构储能回路端子发热。断路器机构储能回路部分端子的热像特征是端子温度偏高。正常时同类比较，相间温差达到 20 ~ 40K。

（2）机构箱内部整体发热。机构箱内部整体发热在红外热像图上出现整体热区。

3.2.1　110kV 断路器机构箱外壳发热红外热像典型图例

1. 异常简介

2011 年 3 月 31 日 16：20 左右，天气阴，对某 110kV 变电站设备进行红外热像时，发现该站 35kV 某分路机构箱和电流互感器室处温度达 51.2℃，其红外热像图如图 3–10 所示。

2. 异常分析与处理

该站 35kV 某分路机构箱和电流互感器室处温度达 51.2℃，比其他部分温度高出 20℃，存在较大温差。发现此异常情况后，运行人

图 3–10　110kV 断路器机构箱外壳发热红外热像图

员立即对该机构箱进行检查，发现机构箱和电流互感器室两处加热装置未退出运行，根据规定将其退出，温度恢复正常，该设备无异常。

3. 预防措施

该机构箱和电流互感器室处温度异常，是由于设备维护不到位，日常工作未执行引起的，这种情况较为常见。可采取如下预防措施：

（1）加强变电站月度工作计划执行工作力度，确保设备维护到位。

（2）注意对二次设备的巡视，定期开展红外热像检测工作，及时发现异常现象并采取相应措施消除。

（3）全面排查机构箱内设备加热装置，重点检查加热装置控制回路、温湿度控制器等运行情况。

（4）建议缩短机构箱日常维护周期，尤其是天气变幻频繁的季节。

3.2.2　机构箱内储能电源负极端子发热红外热像典型图例

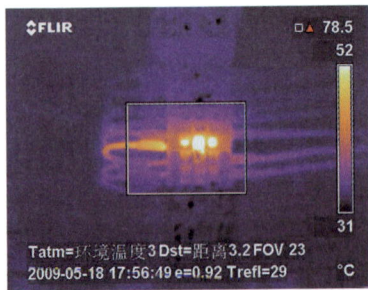

图 3-11　机构箱内储能电源负极
端子发热红外热像图

1. 异常简介

2009年5月18日17：56左右，天气晴好，环境温度为28℃，对某110kV变电站设备进行红外热像时，发现110kV某断路器机构箱内储能电源负极端子发热，温度为78.5℃，其他端子最高温度为42℃，温差较大，其红外热像图如图3-11所示。

2. 异常分析与处理

该断路器机构箱内储能电源负极端子存在发热异常，温度达78.5℃，比其他端子最高温度高出36℃。初步判断该端子发热原因是由于设备安装工艺不良、端子螺栓紧固不到位、长期通过大电流所致。运行人员立即向调度汇报，经检修人员检查发现端子接线已明显松动，处理后多次测温均正常，发热现象消除。

3. 预防措施

断路器机构箱内储能电源是为断路器的正确动作提供保障，储能电源端子经常有大电流通过。该110kV断路器储能电源负极端子温度异常属于施工质量、日常维护问题，此类缺陷相对常见。由于及时发现异常，且处理及时，未出现发热熔断现象，处理起来相对简单。可采取如下预防措施：

（1）把好产品质量关，在安装前及时发现隐患、及时进行处理。

（2）把好验收关，对端子排等常见问题要有敏感性。

（3）投运带负荷后要及时进行红外测温，比较机构箱内各电源端子排的温差，尤其是负荷较大时，发现异常及时处理。

（4）定期对重要电流端子接线情况进行排查、红外热像，及时发现异常现象并采取相应措施消除。

3.3 端 子 箱

端子箱需要重点检测的电气设备部位及常见故障类型，见表3-3。

表3-3　　　　　端子箱需要重点检测的电气设备部位及常见故障类型

重点检测部位	常见故障类型
端子箱电流互感器接线端子	接线端子松动
	接线端子表面氧化
	锈蚀造成接触不良
端子箱空气断路器接线处	接线导体截面选择不当
	空气断路器本身故障
	端子箱驱潮装置故障

端子箱主要发热象征如下：

（1）端子箱电流互感器接线端子发热。端子箱部分电流端子在红外热像图上存在明显热区。

（2）端子箱空气断路器发热。端子箱内空气开关整体在红外热像图上出现局部热区，引线处比其他分路高出 20 ～ 30K。

3.3.1 端子箱内电流端子接触不良发热红外热像典型图例

1.异常简介

2008 年 7 月 2 日 20：10左右，天气晴好，环境温度为 26℃，对某 220kV 变电站设备进行红外热像时，发现某端子箱内电流端子表面温度超过 70℃，其红外热像图如图 3-12 所示。随后，对该端子箱内电流端子进行了多次测温跟踪，在环境温度变化不大的情况下，端子表面温度依然超过 70℃。

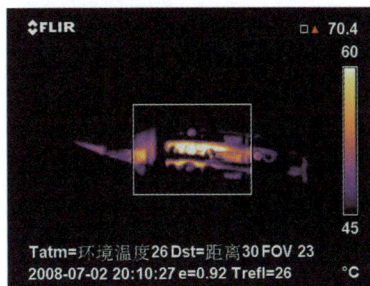

图 3-12　端子箱内电流端子接触不良
发热红外热像图

2.异常分析与处理

该端子箱内电流端子与其他端子相比较，明显存在发热缺陷。初步分析该端子发热原因是由于端子螺栓与压接线锈蚀，接触电阻增大所致。检修时发现，其端子引线已经无法正常拆卸下来。经破坏性检查发现，由于端子压接工艺不到位，端子箱内部潮湿并且经常通过大电流，导致端子引线与螺栓锈蚀连接。经过重新压接后，进行的多次红外热像温度均正常。

3.预防措施

端子箱处于外部环境中，环境温度变化较大，端子箱内部温度、湿度难以控制，加之老旧设备容易产生部分锈蚀问题，因此端子排锈蚀现象时有发生。可采取如下预防措施：

（1）重点检查巡视端子箱内部环境温度、湿度，保障加热器、除湿器正常工作。

（2）加强对二次设备的巡视，定期开展红外热像检测和隐患排查工作，及时发现异常现象并采取相应措施消除。

（3）提高设备维护质量，确保设备定检工作中的端子紧固项目及时到位。

（4）对老旧设备进行重点检查，建议缩短老旧设备的红外热像周期，以及时发现安全隐患。

3.3.2　端子箱内 2Bk1/2Ak1 端子封接处松动发热红外热像典型图例

1.异常简介

2009 年 5 月 5 日 18：00 左右，天气晴好，对某 110kV 变电站设备进行红外热像时，发现某端子箱内 2Bk1/2Ak1 端子封接处发热，温度近 39℃，其热像时红外热像图如图 3-13 所示。

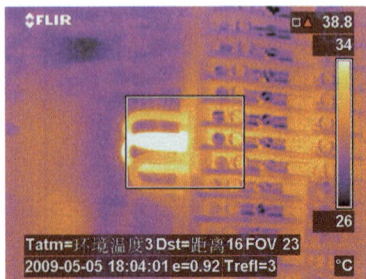

图 3-13　端子箱内 2Bk1/2Ak1 端子封接处松动发热红外热像图

2.异常分析与处理

该站端子箱内 2Bk1/2Ak1 端子发热温度为 38.8℃，比其他端子温度高出 12℃左右，存在发热异常。发现此异常情况后，运行人员仔细检查发现是由于螺栓松动造成的，为防止发热现象进一步恶化，红外检测人员和运行人员经过研究，采取了防止其开路的措施，对其进行了紧固，其可见光图如图3-14所示。修复后对该端子排进行多次测温，其红外热像图如图3-15所示，显示均正常。

图3-14　对端子箱内2Bk1/2Ak1
端子紧固可见光图

图3-15　端子箱内2Bk1/2Ak1端子
封接处处理后红外热像图

3. 预防措施

（1）加强工程施工质量监理关，确保安装工艺合格。

（2）对工作人员进行责任心教育，并实行安装、检修质量责任追究制度。

（3）提高设备维护质量，确保设备定检工作中的端子紧固项目及时到位。

（4）红外测温是发现二次装置异常的有效手段，对重要装置要增加测温次数。

3.3.3　端子箱内电流端子氧化发热红外热像典型图例

1. 异常简介

2009年5月5日19：53左右，天气晴好，对某110kV变电站设备进行红外热像时，发现某端子箱内B441端子发热，温度为53.2℃，红外热像图如图3-16所示。

2. 异常分析与处理

该端子箱内B441端子发热，温度达53.2℃，比其他端子温度高出28℃，存在较

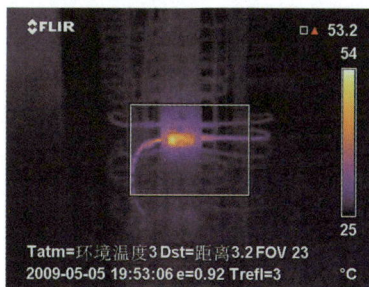

图3-16　端子箱内电流端子氧化
发热红外热像图

大温差。发现此异常情况后，运行人员仔细检查发现非螺栓松动造成，根据端子表面颜色初步判断为氧化造成。检修人员进行维护时发现该端子已严重氧化变形，需更换新的端子才能保证设备安全可靠。处理后加强了对该端子的巡视，经多次测温，温度均正常，缺陷消除。

3. 预防措施

端子箱端子表面氧化，端子及端子排表面容易变形导致接触电阻增大，致使端子发热异常，此类缺陷相对较少，及时发现异常，可以减少事故发生。可采取如下预防措施：

（1）加强对二次设备巡视，及时发现异常现象并采取措施消除。

（2）缩短端子箱等处在外部环境二次设备的红外热像周期。

（3）建全二次设备红外热像系统化管理体制，重要设备、异常设备增加测温次数，建立红外热像图档案进行跟踪观察。

（4）对工作人员进行责任心教育，并实行巡视、维护质量责任追究制度。

3.3.4 端子箱内电流端子严重发热红外热像典型图例

1. 异常简介

2009 年 5 月 12 日 20：35 左右，天气晴好，对某 110kV 变电站设备进行红外热像时，发现某端子箱内电流端子 N421 发热严重，温度达 109℃，热像时红外热像图如图 3–17 所示。

2. 异常分析与处理

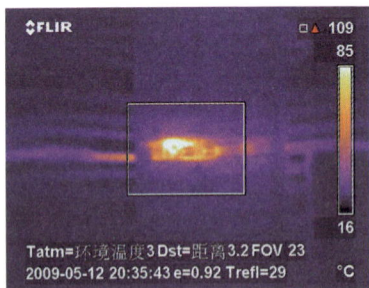

图 3–17　端子箱内电流端子 N421
严重发热氧化发热红外热像图

该端子箱内电流端子 N421 发热，温度达 109℃，是其他端子温度的 5 倍之多，存在严重异常，属于危急缺陷。异常发现后，运行人员马上对该 N421 端子进行紧固。再次进行红外热像时，发现端子排温度没有明显改变。检修人员随即进行处理，经鉴定端子已经烧毁，属于产品质量问题。重新更换端子和端子排，并进行紧固处理。端子修复运行后，对该端子箱内全部端子进行多次测温，温度均正常。

3.预防措施

该端子存在危急缺陷，情形十分紧急。端子箱内电流二次端子排温度异常存在隐患，发热温度较高，时间较长可能导致端子排变形、端子烧坏等严重后果。只有及时发现，才能防止事故发生。可采取如下预防措施：

（1）把好产品监造关，在出厂前及时发现隐患、及时进行处理。

（2）把好验收关，对二次设备端子紧固不到位、引线松动问题要有敏感性。

（3）加强对二次设备巡视，利用红外热像检测手段及时发现安全隐患，定期开展电流端子的紧固排查工作。

（4）建议缩短二次设备的红外热像周期，及时发现安全隐患。

3.3.5 端子箱并联端子老化发热红外热像典型图例

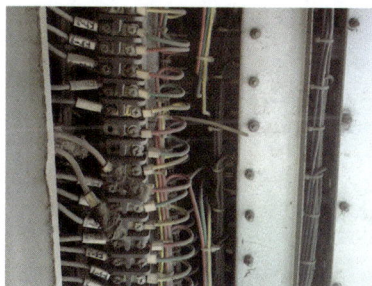

1.异常简介

2009 年 5 月 18 日 18：18 左右，天气阴，对某 110kV 变电站二次设备进行红外热像时，发现该变电站 1 号主变压器端子箱内，F7–1、F7–2 并联端子处发热，温度达 85.7℃，热像时红外热像图如图 3–18 所示，可见光图如图 3–19 所示。

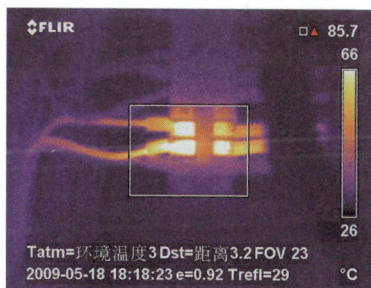

图 3–18　端子箱并联端子老化发热　　图 3–19　端子箱并联端子可见光图
　　　　　红外热像图

2.异常分析与处理

该端子箱并联端子发热温度超过 85℃，相比其他端子温度高出 50℃，存在严重缺陷。发现此异常情况后，运行人员认真初步检查，没有发现端子松动、接触不良等现象，结合设备投运时间较长、端子箱密封不好现象判断，初步判断该

133

端子是由于老化导致的发热。检修部门安排更换端子，处理后经过多次测温，温度均正常，发热缺陷消除。

3. 预防措施

端子箱大部分处在外部环境中，端子箱内部整体温度较高。如果端子箱封堵存在问题，则端子箱内部潮湿，湿度大大增加，这样会加速端子锈蚀、老化。可采取如下预防措施：

（1）对变电站内设备端子箱封堵进行全面排查，及时发现问题，消除问题。

（2）建议对老旧端子箱进行全面排查，进行改造或整体更换。

（3）对老旧设备进行重点检查，建议缩短老旧设备的红外热像周期，及时发现安全隐患。

（4）对工作人员进行责任心教育，坚持设备巡视制度、日工作计划制度，保证设备巡视、维护质量。

3.3.6 端子箱内空气断路器发热红外热像典型图例

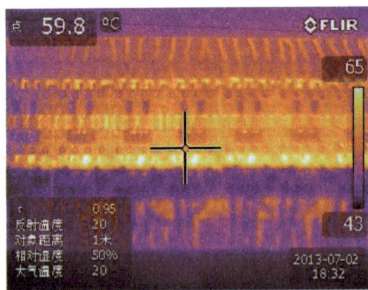

图 3-20 主变压器端子箱空气
断路器热红外热像图

1. 异常简介

2013 年 7 月 2 日 18：30 左右，天气晴好，环境温度为 32℃，对某 220kV 变电站二次设备进行红外热像时，发现该变电站 3 号主变压器端子箱内，空气断路器整体发热，温度为 65℃，热像时红外热像图如图 3-20 所示。

2. 异常分析与处理

该端子箱内部空气断路器及引线整体发热，温度为 65℃，存在端子箱整体温度异常现象。发现此异常情况后，运行人员立即对该端子箱内进行检查，发现该主变压器端子箱由于加热装置温、湿度控制器故障，导致加热装置仍在运行状态，于是随即手动将其退出。处理后又进行多次温度测试，发现温度均正常，设备无异常。

3. 预防措施

该端子箱内温度异常加热装置控制回路出现故障，是由设备问题引起的。可采取如下预防措施：

（1）把好产品监造关，在安装验收时及时发现隐患、及时进行处理。

（2）注意对二次设备巡视，定期开展红外热像检测工作，及时发现异常现象并采取相应措施消除。

（3）全面进行端子箱内设备加热装置的排查，重点检查加热装置控制回路和温、湿度控制器等运行情况。

（4）建议缩短加热装置维护周期，尤其是天气变幻频繁的季节。

3.4 低 压 屏

低压屏需要重点检测的电气设备部位及常见故障类型，见表 3-4。

表3-4　　　　低压屏需要重点检测的电气设备部位及常见故障类型

重点检测部位	常见故障类型
交流屏、直流屏、直流分屏空气断路器	空气断路器本身故障
低压屏熔断器	熔断器内部熔断
	熔断器配合问题

低压屏发热象征如下：

（1）低压屏熔断器故障发热。低压屏熔断器在红外热像图上存在明显热区，有时伴有三相不一致红外热像图。

（2）直流屏内空气断路器发热。交流屏、直流屏、直流分屏内空气断路器整体在红外热像图上出现局部热区。

3.4.1 低压屏内熔断器底座引线接触不良发热红外热像典型图例

1.异常简介

2008 年 7 月 18 日 20：50 左右，天气晴好，环境温度为 32℃，对某 110kV 变电站设备进行红外热像时，发现某低压屏内熔断器底座发热异常，温度达 138℃，其红外热像图如图 3-21 所示，可见光图如图 3-22 所示。

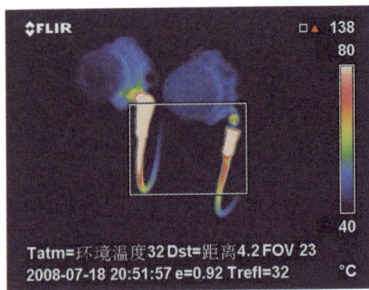

图 3-21　低压屏内熔断器底座引线　　图 3-22　低压屏内熔断器底座引线
　　　接触不良发热红外热像图　　　　　　　　　可见光图

2.异常分析

该低压屏内熔断器底座发热温度达 138℃，比其他熔断器底座及引线高出 60℃，存在严重发热异常。运行人员立即对该熔断器底座及其回路进行检查，初步分析此缺陷是由于该回路低压负荷较大，熔断器底座压接点及引线安装工艺不到位，出现引线接触不良才导致的设备发热现象。

3.预防措施

低压屏内熔断器底座及引线发热，是比较常见的缺陷，主要是安装、维护质量问题。该缺陷由于发现及时、处理及时，才避免了设备损坏，节约了人力、物力、财力。可采取如下预防措施：

（1）安装、检修维护单位要加强施工管理，严格控制施工工艺，确保连接处螺栓紧固到位，降低接触电阻。

（2）加强对低压设备巡视，采取有效手段进行监测，及时发现异常现象。

（3）重点对重要低压回路、大负荷低压回路进行巡视检查。

（4）建议缩短低压设备红外热像周期，及时发现异常，并及时处理异常。

3.4.2　低压屏内熔断器底座本身接触不良发热红外热像典型图例

1.异常简介

2009 年 5 月 18 日 17：40 左右，天气晴好，对某 110kV 变电站低压设备进行红外热像时，发现某低压屏内熔断器底座温度存在异常，A、C 相熔断器底座本身温度超过 53℃，B 相温度为 33℃，其红外热像图如图 3-23 所示，可见光图如图 3-24 所示。三相温度差异较大，三相一致性不好，存在严重异常。

图 3-23　低压屏内熔断器底座本身
接触不良发热红外热像图

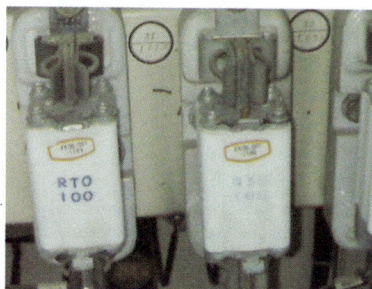

图 3-24　低压屏内熔断器底座本身
可见光图

2. 异常分析与处理

三相熔断器底座温度存在差异，三相一致性不好，温度相差 20℃，存在严重缺陷。为了保证低压回路安全运行，安排运行人员立即把该回路低压负荷转移并进行处理。处理时发现，A、C 相熔断器本身出现明显松动。另根据红外热像图分析，发现 B 相熔断器已熔断，经实际测量确已熔断，于是进行更换处理。处理后经多次测温，发现发热现象均消除，设备恢复正常。

3. 预防措施

（1）针对此类熔断器级差不容易配合，运行中经常发热现象，对其进行改造，更换为快速空气断路器。

（2）对低压回路熔断器底座进行重点巡视检查，保证设备无异常。

（3）运行中定期或不定期对低压回路熔断器座进行低压设备红外测温，及时发现缺陷，尽早安排处理。

3.4.3　低压屏内引线发热红外热像典型图例

1. 异常简介

2008 年 7 月 18 日 21：10 左右，天气晴好，环境温度为 32℃，对某 110kV 变电站设备进行红外热像时，发现某低压屏内低压回路引线存在温度异常，温度达 196℃，其红外热像图如图 3-25 所示，可见光图如图 3-26 所示。

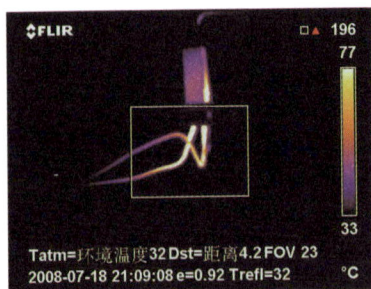

图 3-25　低压屏内引线发热
红外热像图

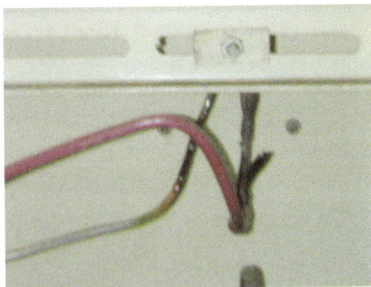

图 3-26　低压屏内引线可见光图

2. 异常分析与处理

该低压屏内引线温度高达 196℃，高出正常设备运行温度的 3 倍，存在严重问题。发现异常情况，运行人员立即汇报调度，将该回路停电，并安排检修部门进行更换。根据处理现场情况分析，发现此故障是由于该引线选择存在问题，线径较细且为铝质，未能达到载流量要求，使回路负荷较大而引起发热。

3. 预防措施

低压屏引线发热，如果未能及时发现可能造成引线绝缘破坏，甚至熔断，导致回路开路。可采取如下预防措施：

（1）设计施工部门应加强对低压回路的重视，严把设计关、施工关、验收关。

（2）加强对低压回路引线的重点排查，发现存在问题后立即进行整改。

（3）如果低压柜运行时间较长，附属设备陈旧老化，需进行改造更换。

（4）运行中定期或不定期对低压回路引线进行红外测温，可以及时发现异常，合理安排计划处理。

3.5　风冷控制箱

风冷控制箱需要重点检测的电气设备部位及常见故障类型，见表 3-5。

表3–5 风冷控制箱需要重点检测的电气设备部位及常见故障类型

重点检测部位	常见故障类型
主变压器风冷端子	接线端子松动
	接线端子表面氧化
主变压器风冷内回路空气断路器及引线	接触不良
	接线导体截面选择不当
	空气断路器本身故障

风冷控制箱主要发热象征如下：

（1）主变压器风冷端子发热。主变压器风冷控制箱内部分端子出现明显热区的红外热像图。

（2）主变压器风冷控制箱内空气开关发热。主变压器风冷内回路空气开关整体在红外热像图上出现局部热区。

3.5.1 风冷控制箱内电缆发热红外热像典型图例

1. 异常简介

2007 年 8 月 7 日 9 : 55 左右，天气晴好，环境温度为 29℃，对某 110kV 变电站设备进行红外热像时，发现某主变压器风冷控制箱内低压电缆发热，温度达 47.7℃，其红外热像图如图 3–27 所示。

2. 异常分析

该主变压器风冷控制箱内低压电缆存在异常，温度达 47.7℃。根据现场情况检查初

图 3–27 风冷控制箱内电缆发热红外热像图

步分析，发现回路负荷较大，其电缆载流量不能满足要求，需停电更换。后经查阅工程设计图纸，发现该电缆截面和材料不符合图纸设计要求，载流量较小。

3. 预防措施

主变压器风冷控制箱内低压电缆温度异常，这是由于工程质量问题，未严格执行工程设计图纸进行施工而引起的。可采取如下预防措施：

（1）加强对工程施工期间监理工作，确保工程质量。

（2）严把工程验收关，杜绝问题设备投运，危害系统安全运行。

（3）建议缩短对主变压器风冷控制装置的维护周期。

（4）对风冷控制箱进行定期或者不定期的红外热像工作，及早发现缺陷，消除缺陷。

3.5.2　风冷控制箱内引线端子压接不良发热红外热像典型图例

1. 异常简介

2007年8月7日10：20左右，天气晴好，环境温度为29℃，对某110kV变电站设备进行红外热像时，发现某主变压器风冷控制箱内交流接触器和交流端子排引线温度异常，温度分别为78℃和108℃，其红外热像图如图3–28、图3–29所示。

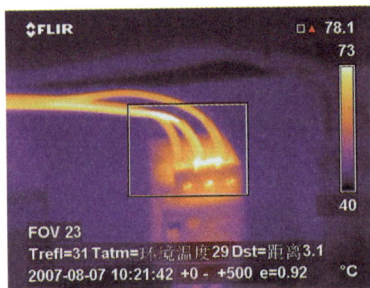

图3–28　交流接触器发热红外热像图　　图3–29　端子排引线发热红外热像图

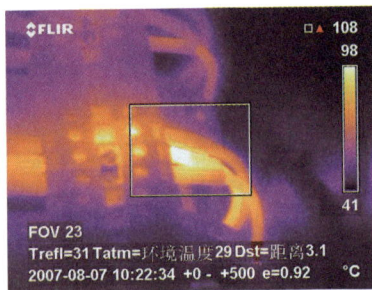

2. 异常分析与处理

该主变压器风冷控制箱内交流接触器和交流端子排引线温度存在严重缺陷，工作人员立即对现场情况检查后分析并判断，确定该发热现象是由于引线压接不良引起的。汇报调度后，把该主变压器风冷装置停止运行，对两处引线进行紧固处理后，发热现象缓解。

3. 预防措施

（1）对工作人员进行责任心教育，并实行安装、检修质量责任追究制度。

（2）提高设备维护质量，确保设备定检工作中的端子紧固项目及时到位。

（3）加强对主变压器风冷装置的巡视，采取各种手段及时发现设备异常现象。

（4）红外测温是发现装置异常的有效手段，对重要装置要增加测温次数。

3.5.3 风冷控制箱内熔断器底座引线接触不良发热红外热像典型图例

1. 异常简介

2009 年 5 月 18 日 18：05 左右，天气晴好，对某 110kV 变电站设备进行红外热像检测时，发现某主变压器风冷控制箱内熔断器底座引线发热，温度达262℃，其红外热像图如图 3-30 所示，可见光图如图 3-31 所示。

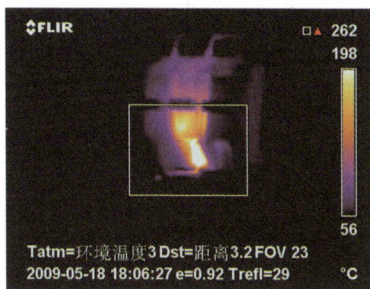

图 3-30　风冷控制箱内熔断器底座引线接触不良发热红外热像图

图 3-31　风冷控制箱内熔断器底座引线可见光图

2. 异常分析与处理

该风冷控制箱内熔断器底座引线发热温度达 262℃，比其他端子温度高出200℃，存在较大温差。发现异常情况后，运行人员立即对现场情况进行检查，初步分析并判断，确定该发热现象是由于熔断器底座引线长时间压接不良引起的。汇报调度后，将风冷电机停止运行，检修人员处理时，发现由于引线温度过高，导致线路严重氧化，需全面进行更换。处理后多次对其进行测温，温度均正常。

3. 预防措施

熔断器底座引线温度过高导致引线表面氧化，使接触电阻增大。此类缺陷相对较少，及时发现异常，可以减少事故发生。可采取如下预防措施：

（1）加强对二次设备巡视，及时发现异常现象并采取措施将其消除。

（2）缩短风冷控制装置等处在外部环境中的二次设备的红外热像周期。

（3）加强对主变压器风冷装置的巡视，定期开展红外热像检测工作，及时发现异常现象并采取相应措施将其消除。

（4）建议检修部门把此类型风冷控制装置列入技术改造计划。

3.5.4　风冷控制箱内空气断路器发热红外热像典型图例

1. 异常简介

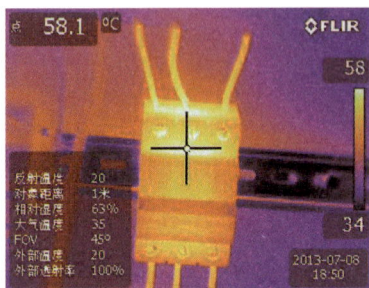

图3-32　主变压器风冷控制箱
空气断路器发热红外热像图

2013年7月8日18:50左右，天气晴好，环境温度为32℃，对某220kV变电站设备进行红外热像检测时，发现某主变压器风冷控制箱内空气断路器处温度存在异常，最高温度超过了58℃，其红外热像图如图3-32所示。

2. 异常分析与处理

该主变压器风冷控制箱内空气断路器上部温度和下部温度之间有温差存在。发现异常后，工作人员对该主变压器风冷控制箱内空气断路器进行检查，初步判断空气断路器上部接线压接不到位，存在虚接现象。运行人员对空气断路器接线螺栓进行紧固，发热现象消除，多次测温均正常。

3. 预防措施

主变压器风冷控制箱空气断路器经常存在大负荷，由于接线压接不到位，存在虚接现象导致发热异常比较常见。可采取如下预防措施：

（1）施工单位安装、检修时要加强施工管理，抽查复检到位，确保连接处螺栓紧固到位。

（2）对各装置内空气断路器等大电流设备加大巡视检查，排查治理隐患。

（3）气温高、负荷大时，适当增加对该主变压器风冷控制装置的测温次数，及时发现异常。

（4）加强运行监视，发现异常及时检查试验，及早发现缺陷，减少对设备的危害。

3.6 低 压 电 缆

低压电缆需要重点检测的电气设备部位及常见故障类型，见表3-6。

表3-6   低压电缆需要重点检测的电气设备部位及常见故障类型

重点检测部位	常见故障类型
低压电缆回路	接触不良发热
	电缆选择不当发热
低压电缆空气断路器闸刀连接处	低压隔离开关选择不当发热
	空气断路器压接不良发热

低压电缆主要发热象征为：低压电缆回路出现发热异常，在红外热像图上出现明显热区，经常伴有部分低压电缆比其他低压电缆高出 20 ~ 30K 的情况。

3.6.1 低压隔离开关选择不当发热红外热像典型图例

1.异常简介

2008 年 7 月 18 日 21：00 左右，天气阴，环境温度为 32℃，对某 110kV 变电站设备进行红外热像时，发现某低压电缆回路低压隔离开关上、下端发热，温度分别为 61.5℃ 和 56.1℃，其红外热像图分别如图 3-33、图 3-34 所示，电缆回路低压隔离开关下端可见光图如图 3-35 所示。

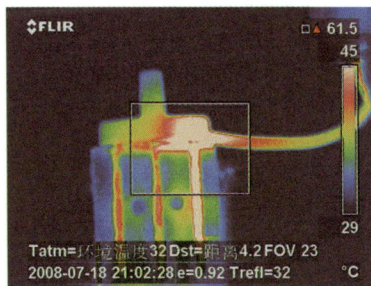

图 3-33 低压隔离开关上端   图 3-34 低压隔离开关下端
发热红外热像图   发热红外热像图

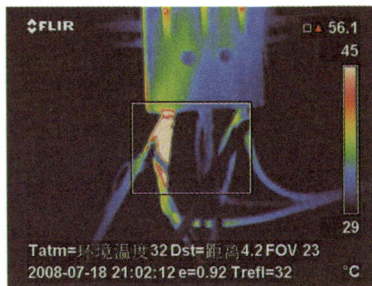

图 3-35　低压隔离开关下端可见光图

2. 异常分析与处理

该低压电缆回路低压隔离开关上、下端发热，温度超过正常值。运行人员对现场情况进行检查，初步分析并判断，确定发热现象是由于该隔离开关容量小，且引线压接不良引起的。停止该低压回路的运行，将隔离开关更换为空气断路器，处理后发热现象消除。

3. 预防措施

（1）加强对老旧设备巡视，及时发现异常现象并采取措施将其消除。

（2）对变电站低压设备进行隐患排查，采取有效措施及时消除不安全因素。

（3）加强对低压回路红外热像工作，定期开展红外热像检测工作，及时发现异常现象并采取相应措施将其消除。

（4）建议检修部门将此类型隔离开关列入技术改造计划。

3.6.2　主变压器风冷装置电缆发热红外热像典型图例

1. 异常简介

2008 年 4 月 14 日 8：50 左右，天气晴好，环境温度为 20℃，对某 220kV 变电站的设备进行红外热像时，发现某 400V 低压电力电缆温度存在异常。某低压电缆是 2 号主变压器冷却装置电源，2 号主变压器是强迫油循环变压器，它有四组冷却器，检测时只有两组冷却器运行。风冷装置电缆发热，温度达到 33.3℃，其红外热像图如图 3-36、图 3-37 所示。

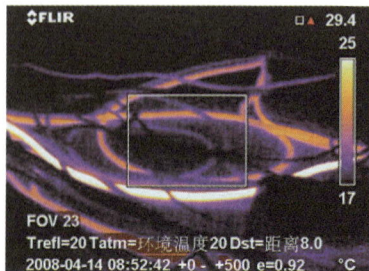

图 3-36　风冷装置电力电缆发热
红外热像图（一）

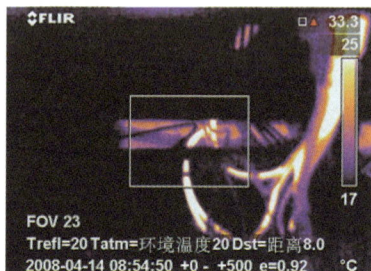

图 3-37　风冷装置电力电缆发热
红外热像图（二）

2. 异常分析

该风冷装置电力电缆发热，温度超过 30℃。根据现场情况检查初步分析，发现回路负荷较大，电缆载流量不能满足要求，需停电更换。

3. 预防措施

风冷装置电力电缆发热，是由于设计施工问题，未能选取相匹配的载流量电力电缆进行安装引起的。

（1）加强对工程施工期间监理工作，确保工程质量。

（2）严把工程验收关，杜绝问题设备投运，危害系统安全运行。

（3）建议缩短对风冷装置电力电缆的红外热像周期。

3.7 站用变压器

站用变压器需要重点检测的电气设备部位及常见故障类型，见表 3-7。

表3-7　　　　站用变压器需要重点检测的电气设备部位及常见故障类型

重点检测部位	常见故障类型
站用变压器高、低压套管	高、低压套管压接处锈蚀发热
	电缆接头处发热
变压器本身	变压器本体发热
	变压器附件发热

站用变压器主要发热象征如下：

（1）站用变压器高、低压套管发热。站用变压器高、低压套管其热像特征是以故障点为中心区域的红外热像图。

（2）变压器内部发热。当变压器内部出现异常发热时有可能引起箱体局部温度升高。这种红外热像图不具有环流形状。这类缺陷同时伴有变压器内部局部温度场异常情况，可采用红外诊断与色谱分析相结合的方法进行判断。

3.7.1 站用变压器运行温度高发热红外热像典型图例

1.异常简介

2010年6月1日15：40左右，天气阴，环境温度为20℃，对某220kV变电站设备进行红外热像时，发现某站用变压器运行温度较高，达到122℃，其红外热像图如图3-38所示，可见光图如图3-39所示。

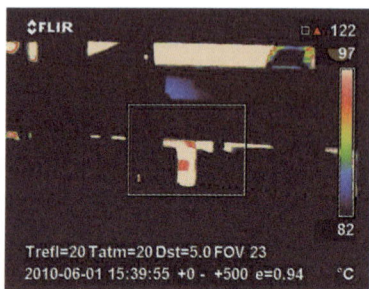

图3-38　站用变压器运行温度高
发热红外热像图

图3-39　站用变压器可见光图

2.异常分析与处理

该站用变压器温度高达122℃，比正常站用变压器运行温度高出75℃，存在危急缺陷。运行人员立即对现场情况进行检查，初步分析判断，确定发热现象是由于该站用变压器（干式）排气通风处设计不合理，造成的空气不能正确对流（如图3-40所示），且风冷保护故障，使风冷装置不能正确启动引起的（如图3-41所示为站用变压器风冷保护装置故障停运图）。需汇报调度将该站用变压器停止运行，安排计划处理风冷保护装置。处理后，站用变压器温度恢复正常。

图3-40　站用变压器通风部位图

图3-41　站用变压器风冷保护装置
故障停运图

3. 预防措施

（1）严把设备安装、验收质量关，杜绝问题设备投入运行。

（2）加强对站用变压器的巡视，定期开展红外热像检测工作，及时发现异常现象并采取相应措施将其消除。

（3）建议缩短站用变压器等相关设备日常维护周期。

3.7.2 站用变压器高压侧套管与电缆头连接处发热红外热像典型图例

1. 异常简介

2011 年 3 月 17 日 15：50 分左右，天气阴，环境温度为 10℃，对某 220kV 变电站设备进行红外热像时发现，某站用变压器高压套管与引线连接处发热，温度达 76.8℃，其红外热像图如图 3-42 所示，可见光图如图 3-43 所示。

图 3-42　站用变压器高压侧套管与
电缆头连接处发热红外热像图

图 3-43　站用变压器高压侧套管与
电缆头连接处可见光图

2. 异常分析与处理

该站用变压器高压套管与引线连接处发热异常，温度高达 76.8℃，超出正常温度的 2 倍，存在严重缺陷。工作人员进行现场检查时，发现发热现象是由于高压套管引线压接不良引起的。如果不及时处理，就会产生热胀冷缩效应，从而导致套管端部渗漏油。安排计划将负荷全部转移后进行停电检修，处理后恢复正常。

3. 预防措施

站用变压器高压套管与引线连接处出现发热异常，是由于安装或者检修质量问题，此类问题比较常见。可采用如下预防措施：

147

（1）变压器套管安装或检修后，严格落实三级验收制度，确保接头接触良好。

（2）改进设备施工工艺，提高设备安装质量，加强对新投运设备的验收工作。

（3）对运行中的站用变压器定期或不定期进行红外测温，及时发现缺陷，尽早安排计划处理。

3.7.3 站用变压器消弧线圈阻尼器发热红外热像典型图例

1.异常简介

2013 年 7 月 13 日 14∶40 左右，天气晴好，环境温度为 31℃，对某 110kV 变电站设备进行红外热像时，发现该变电站 10kV 站用变压器消弧线圈的阻尼器发热，温度超过 150℃，其红外热像图如图 3-44 所示，可见光图如图 3-45 所示。

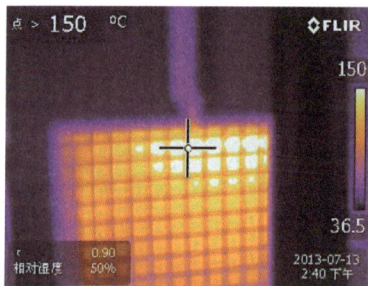

图 3-44　站用变压器消弧线圈阻尼器发热红外热像图

图 3-45　站用变压器消弧线圈阻尼器可见光图

图 3-46　阻尼电阻引线烧黑变形

2.异常分析与处理

该站用变压器消弧线圈阻尼器发热，温度高达 150℃，存在紧急缺陷。运行人员立即汇报调度，安排检修人员进行停电检修。经工作人员检查发现，阻尼电阻引流线已出现烧黑变形现象，如图 3-46 所示。

（1）接地变压器、消弧线圈及阻尼电阻接线原理图如图 3–47 所示。

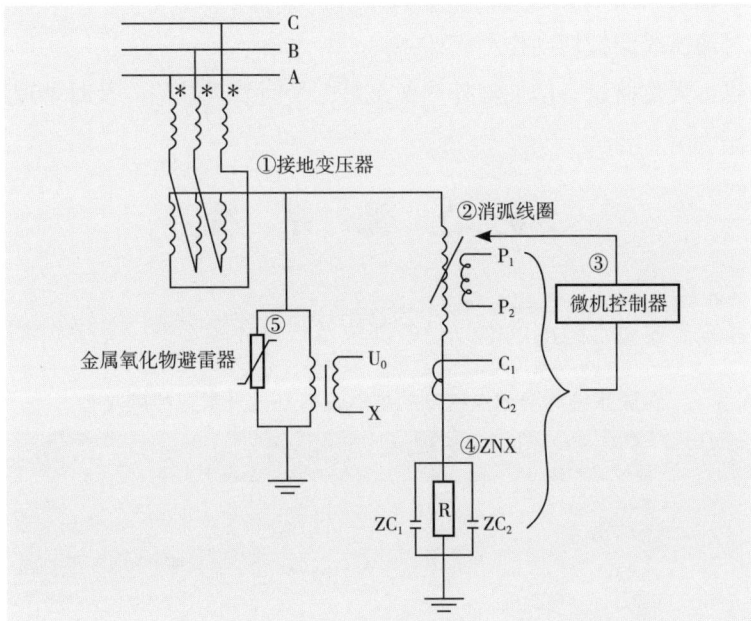

图 3–47　接地变压器、消弧线圈及阻尼电阻接线原理图

正常运行时，大部分接地变压器中性点电压在 0 ~ 150V 之间波动，消弧线圈回路上有阻尼电阻串联，以某站补偿 50A 感性电流（等效感抗 6000V/50A=120Ω）、阻尼电阻 58Ω 为例，回路电流在 0 ~ 1.1A 之间波动，不会引起发热。系统发生接地后，阻尼电阻接触器闭合，中性点接地回路上只有消弧线圈，回路电流最大为 50A，只有在接触不良的情况下才会引起发热。

（2）变电站监控机及消弧线圈控制装置显示发热前，连续发生多次瞬间接地，不能像永久性接地一样通过选线切除故障线路。回路电流最大为 50A 时，只有在接触不良的情况下才会引起发热，检查时发现阻尼电阻引流线烧黑变形是由于引流线螺栓松动造成的。更换引流线并加固螺栓后故障消除。

3. 预防措施

站用变压器消弧线圈阻尼器内部严重发热现象，在日常设备巡视是很难发现的，但利用红外热像技术可以有效地发现缺陷，以及早处理缺陷，防止事故发生。可采取如下预防措施：

（1）加强对站用变压器等内部装置红外热像普查工作，及时发现隐秘缺陷。

（2）对消弧线圈投切动作严密监视。

（3）对于大负荷设备增加红外热像次数，及时发现缺陷，及时处理缺陷。

3.8 直 流 系 统

直流系统需要重点检测的电气设备部位及常见故障类型，见表3–8。

表3–8　　　直流系统需要重点检测的电气设备部位及常见故障类型

重点检测部位	常见故障类型
直流馈线屏	端子排接触不良发热
	空气断路器压接松动发热
直流充电屏、逆变电源屏	端子排接触不良发热
蓄电池及充电模块	蓄电池内部故障
	蓄电池液面下降
	充电模块端子排接触不良发热

直流系统主要发热象征如下：

（1）直流充电屏、逆变电源屏内端子发热。直流充电屏、逆变电源屏内端子在红外热像图上存在明显热区。

（2）直流屏内空气断路器发热。直流屏内空气断路器整体在红外热像图上出现局部热区。

（5）蓄电池内部故障。蓄电池内部故障从红外热像图可以发现存在清晰分界或者出现不一致现象。

3.8.1　直流馈线屏内接触器发热红外热像典型图例

1.异常简介

2013 年 7 月 2 日 11：28 左右，天气晴好，环境温度为 35℃，对某 220kV

变电站设备进行红外热像时，发现某直流馈线屏内接触器发热异常，温度达81.1℃，其红外热像图如图3-48所示。

2. 异常分析与处理

该直流馈线屏内接触器温度异常，比其他装置温度高出45℃，存在严重缺陷。发现异常后，立即汇报调度安排检修人员进行检修。处理时发现接触器内某电阻元件发热导致接触器整体发热，因此决定打开屏柜前、后门，安装风扇进行降温处理。处理后，再次进行红外热像时发现温度已降低了20℃，降温效果明显，处理后直流馈线屏内发热红外热像图如图3-49所示。

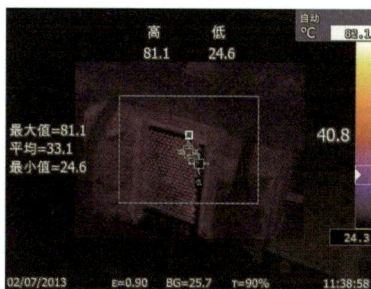

图3-48　直流馈线屏内发热　　　　图3-49　处理后直流馈线屏内
　　　　红外热像图　　　　　　　　　　　发热红外热像图

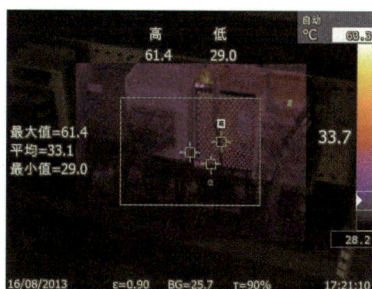

3. 预防措施

（1）加强对直流屏内各装置红外热像工作，及时发现设备缺陷，及时消除缺陷。

（2）认真执行直流系统设备巡视制度、日工作计划。

（3）建议在高温天气，大负荷天气时，在不影响设备安全稳定运行情况下打开屏柜门增强通风，降低设备温度。

3.8.2　蓄电池内部故障发热红外热像典型图例

1. 异常简介

2013年7月13日17：08左右，天气晴好，环境温度为30℃，对某110kV变电站设备进行红外热像时，发现某组蓄电池表面温度存在较大差异，最高温度达 37℃，而该变电站正常蓄电池表面温度为 27.6℃，相差 9.4℃，其红外热像图如图 3-50、图 3-51 所示。

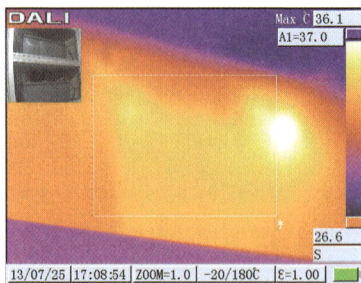

图 3-50　异常蓄电池表面温度
红外热像图

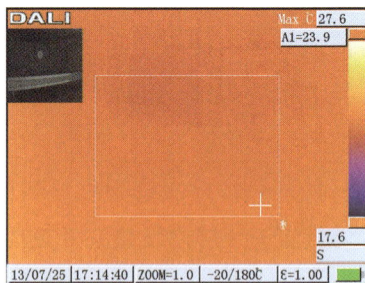

图 3-51　正常蓄电池表面温度
红外热像图

2. 异常分析与处理

图 3-52　蓄电池表面出现鼓胀现象

该蓄电池表面温度存在差异，蓄电池处在同一环境、同一平面表面温度却出现不同。运行人员立即对蓄电池进行检查，发现蓄电池表面存在鼓胀现象，部分已有缝隙出现（如图 3-52 所示）。运行人员立即汇报调度，安排计划进行检修。检修人员进行现场处理时发现蓄电池内部结构已发生严重变形，无法正常使用，因此决定退出运行更换新的蓄电池组。

3. 预防措施

蓄电池属于二次设备的保障设备，事故期间为设备提供电源。蓄电池内部故障不易从表面发现，利用红外热像仪器能有效弥补这一弊端。可采取如下预防措施：

（1）对蓄电池及充电模块加大巡视检查，排查治理隐患。

（2）定期或者不定期对蓄电池进行红外热像，及时发现设备内部故障，及时处理故障，防止事故发生。

（3）建议缩短老旧设备运行维护周期。

（4）全面排查蓄电池组等问题设备，将其纳入大修技术改造范围。

第4章

带电设备红外检测需注意的若干问题

红外热像是利用红外探测器、光学热像物镜接受被测目标的红外辐射信号，经过光谱滤波、空间滤波使聚焦的红外辐射能量分布图形反映到红外探测器的光敏源上，对被测物的红外热像进行扫描并聚焦在单元或分光探测器上，由探测器将红外复测能转换成电信号经放大处理转换成标准视频信号，通过电视屏或监视器显示红外热像图，并推断被测目标表面温度的一种技术。

红外检测工作是带电测试的一项重要手段，它可以及时发现运行设备发热、缺油、气体泄漏等隐患，是开展状态检修的基础条件，也是减少停电、提高设备供电可靠性、保障电网安全稳定的重要保证。

红外检测适用于所有具有电流、电压致热效应或其他致热效应的设备。只要表面发出的红外辐射不受阻挡，都属于红外诊断技术的有效监测设备，例如，变压器、断路器、互感器、电力电容器、电力电缆、母线、导线、绝缘子串、组合电器、低压电器及二次回路等。

1. 对红外热像检测的基本要求

（1）对检测仪器的要求。

1）红外测温仪应操作简单、携带方便、测温精确度较高、测量结果的重复性要好、不受测量环境中高压电磁场的干扰、仪器的距离系数应满足实测距离的要求，以保证测量结果的真实性。

2）红外热像仪应图像清晰、稳定、不受测量环境中高压电磁场的干扰、具有必要的图像分析功能、具有较高的温度分辨率以满足实测距离的要求、具有较高的测量精确度和合适的测温范围。

（2）对被检测设备的要求。

1）被检测电气设备应为带电设备。

2）检测时在保证人身和设备安全的前提下，应打开遮挡红外辐射的门或盖板。

3）新设备选型时宜考虑进行红外检测的可能性。

（3）对检测环境的要求。

1）检测目标及环境的温度不宜低于5℃。如果必须在低温下进行检测时，应注意仪器自身的工作温度要求，同时还应考虑水汽结冰使某些进水受潮的设备的缺陷漏检的情况。

2）空气湿度不宜大于85%，不应在有雷、雨、雾、雪及风速超过0.5m/s的环境下进行检测。若检测中风速发生明显变化，应记录风速，必要时修正测量数据。

3）室外检测应在日出之前、日落之后或阴天进行。室内检测宜闭灯进行，被测物应避免灯光直射。

2. 红外热像检测诊断周期及启用条件

（1）红外检测作为状态检修的一个重要手段，结合实际情况，暂定周期性检测为每年4次。分别是在每年的3、5、8、11月各进行一次全变电站设备的检测，检测对象包括变电站内所有的一、二次设备，检测时间为设备负荷高峰期。

（2）新建、扩改建或大修的电气设备在带负荷后的一个月内（但最早不得少于24h）应进行一次红外检测和诊断。对于110kV及以上的电压互感器、耦合电容器、避雷器等设备，应进行准确测温，求出各元件的温升值，作为分析这些设备参数变化的原始资料。

（3）在发现发热类缺陷超过80℃、充油设备看不到油面、设备声级异常、变压器内部异常发热等特殊缺陷时，启用红外检测手段，并且要在设备停运前、缺陷消除运行24h后，分别进行一次红外测试。

3. 诊断方法、判断依据

（1）表面温度判断法。根据测得的设备表面温度值，对照相关规定，凡温度（或温升）超过标准者可根据设备温度超标的程度、设备负荷率的大小、设备的重要性及设备承受机械应力的大小来确定设备缺陷的性质，对在小负荷率下温升超标或承受机械应力较大的设备要从严定性。

（2）相对温差判断法。

1）对电流致热型设备，若发现设备的导流部分热态异常，应算出相对温差值，按表4-1的规定判断设备缺陷的性质。

二次设备导流端子除按温升法判断外，有镀层的端子温度超过105℃，无镀层的端子温度超过90℃时列入紧急缺陷。

2）当发热点的温升值小于10K时，不宜按表4-1的规定确定设备缺陷的性质。对于负荷率小、温升小但相对温差大的设备，如果有条件改变负荷率，可增大负荷电流后进行复测，以确定设备缺陷的性质。当无法进行此类复测时，可暂定为一般缺陷，并注意监视。

表4-1　　　　　　　　部分电流致热型设备的相对温差判据

设备类型	相对温度差值（%）		
	一般缺陷	严重缺陷	视同紧急缺陷
SF$_6$断路器	≥ 20	≥ 80	≥ 95
真空断路器	≥ 20	≥ 80	≥ 95
充油套管	≥ 20	≥ 80	≥ 95
高压开关柜	≥ 35	≥ 80	≥ 95
空气断路器	≥ 50	≥ 80	≥ 95
隔离开关	≥ 35	≥ 80	≥ 95
其他导流设备	≥ 35	≥ 80	≥ 95

（3）同类比较法。

1）在同一个电气回路中，当三相电流对称和三相（或两相）设备相同时，比较三相（或两相）电流致热型设备对应部位的温升值，可判断设备是否正常。若三相设备同时出现异常，可与同回路和同类设备进行比较。当三相负荷电流不对称时，应考虑负荷电流的影响。

2）对于型号规格相同的电压致热型设备，可根据其对应点温升值的差异来判断设备是否正常。电压致热型设备缺陷宜用允许温升或同类允许温差的判断依据确定。一般情况下，当同类温差超过允许温升值的30%时，应定为严重缺陷，当三相电压不对称时应考虑工作电压的影响。

（4）红外热像图分析法。根据同类设备在正常状态和异常状态下的红外热像图的差异判断设备是否正常。

（5）档案分析法。分析同一台设备在不同时期的检测数据（例如，温升、相对温差和红外热像图），找出设备致热参数的变化趋势和变化速率，以判断设备是否正常。

4. 操作要求

红外检测时一般先用红外热像仪对所有测试部位进行全面扫描，找出热态异常部位，然后对异常部位和重点检测设备进行准确测温，并拍摄可见光照片。准确测温应注意下列各项：

（1）针对不同的检测对象选择不同的环境温度参照体。

（2）测量设备发热点、正常相的对应点及环境参照温度值时，应使用同一仪器相继测量。

（3）对同类设备进行比较时，要注意保持仪器与各对应测点距离的一致以及方位的一致。

（4）正确键入大气温度、相对湿度、测量距离等补偿参数，并选择适当的背景、温宽、电平值，以保证图像清晰、反映缺陷准确。

（5）应从不同方位的合适位置进行检测，求出最热点的温度值。

（6）记录异常设备的实际负荷电流和发热相、正常相及环境温度参照体的温度值。

5. 设备缺陷性质

红外诊断发现的设备缺陷分为三种，即一般缺陷、严重缺陷和紧急缺陷。

（1）一般缺陷，是指对近期安全运行影响不大的缺陷。可在年、季、月检修计划中消除（列入Ⅲ类缺陷上报）。

（2）严重缺陷，是指缺陷比较严重，但设备仍可在短期内继续安全运行的缺陷。应在短期内消除，消除前应加强监视（列入Ⅱ类缺陷上报）。

（3）紧急缺陷，是指严重程度已使设备不能安全运行，随时可能导致发生事故或危及人身安全的缺陷。必须尽快消除或采取必要的安全技术措施进行处理（列入Ⅰ类缺陷上报）。

6. 提高设备接头、隔离开关触头、导流母线允许温度的思考

通过近几年对此项问题的关注，目前所制定的温度标准，满足了电气设备运行的需要，科学的决策，提高了设备利用率，减少了设备的检修次数。

但是能否在现有基础上，把现在设备运行的温度，再提升一个标准。下面从两个方面进行顾虑：①设备缺陷温度的提高，会使设备缺陷危害程度增加，加大了设备运行中的风险；②在现有的基础上，增加多少温度，还没有依据。为此，我们查阅了相关规程。

（1）规程对接头、隔离开关触头、导流母线允许温度的规定如下：

1）运行中的隔离开关刀口的最高允许温度为85℃。

2）变电站的设备接头和线夹的最高允许温度为90℃。

3）各种不同截面的导线，在周围环境为25℃，导线温度不超过70℃时允许通过导线的最大电流。

4）短路时，铝允许发热温度为200℃，铜允许发热温度为300℃。

5）红铜的熔点为1084℃，铝的熔点为660℃，铁熔点为1515℃。

（2）根据上述规定，对变电站的常见缺陷作如下分析：

1）隔离开关刀口的材质多为红铜，红铜的熔点为1084℃，相关规程规定此类设备的最高允许温度为85℃，因此认为最高限度可以提高。

2）设备线夹的材质多为铁合金，铁合金的熔点为1515℃，相关规程规定此类设备的最高允许温度为95℃，因此认为最高限度可以提高。

3）线夹材质多为铝合金，铝合金的熔点为660℃，相关规程规定最高允许温度为90℃，因此认为最高限度可以提高。

4）引流线多为铝，铝的熔点为660℃，相关规程规定最高允许温度为70℃，因此认为最高限度可以提高。

（3）运行条件的分析。

1）当工作电压 U 小于额定电压 U_N，工作电流 I 小于额定电流 I_N 的60%时，此时认为设备运行温度可以再提升一个标准，并可以长期安全经济运行。

2）当工作电压 U 大于额定电压 U_N，工作电流 I 大于额定电流 I_N 的100%时，此时不能确认。

3）短路工作状态时，工作电流 I 远远大于额定电流 I_N，此时不能确认。短路工作状态，短时间内，设备要承受短时热稳定电流和动稳定电流。这些热和力的因素，将使绝缘电阻、机械强度下降，大的短路电流将使设备的温度迅速升高，若超过允许值，甚至会烧毁设备。同时，设备还将受到电动力的影响，若超过允许值，将使设备的导体、变压器绕组变形。

7. 对运行设备规定的最高允许温度的思考

（1）运行中隔离开关刀口的最高允许温度为100℃，比相关规程规定高

15℃，由于红外热像装置的精准，以及铜和铸铁的熔点相对较高，此时认为可以提升10℃，提高后的最高温度为110℃，但变电站缺陷定性的温度值，仍使用现在标准100℃。

（2）变电站设备接头和线夹的最高允许温度为100℃，比相关规程规定高15℃，由于红外热像装置的精准，以及铜和铸铁的熔点相对较高，此时认为可以提升10℃，提高后的最高温度为110℃，但变电站报缺的温度值，仍使用现在标准100℃。

（3）导线的最高允许温度为100℃，比相关规程规定高30℃，最高温度应保持不变。

8. 红外热像装置与点测温仪之间的比对

在办公室实验，用纸杯接一杯热水，对两者进行对比。两者之间的辐射率都调至0.95，进行多次试验，比对的结果都是不一样的，因为温度在不停地变化，但是可以得出这样的结论：0.3 ~ 1m之间，测试水杯的温度，两者的结论是接近的，3m外，红外点测温仪是不准确的，办公室比对的是一个面积较大的热源，而现场是较小的接点，热源面积较小，红外热像设备将更准确。测量距离与红外热像设备温度以及红外点测温仪温度的关系，见表4-2。

表4-2　　测量距离与红外热像设备温度以及红外点测温仪温度的关系

距离（m）	红外热像设备（℃）	红外点测温仪（℃）
0.3	77	77（稳定）
1	76.5	73（跳动得缓慢）
3	76	45 ~ 53（不停地跳动）

红外热像装置与红外点测温仪测量误差分析。某变电站4号电容器组，软母线与铝排连接处，红外热像仪检测A相发热温度为355℃（其红外热像图如图4-1所示），使用变电站的红外点测温仪检测，其温度为330℃。

分析出现这样大的温差主要的原因是红外点测温仪精度不高。

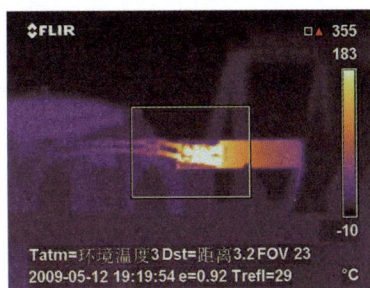

图4-1　电容器组软母线与铝排连接处A相355℃红外热像图

9. 为什么 200℃以上的发热体不发红

一般认为，发热到 200℃以上的设备接头，目视发热处会变为红色，但是，变电站电气设备接头多为铝合金，铝合金接头过热后，颜色不会变为红色。

现场的实际象征：

（1）铝合金接头过热后，会变为灰白色。

（2）铝合金接头过热后，如果设备接头涂有相色漆，过热后相色漆的颜色变深，漆皮裂开。

（3）软铜线接头过热后，新安装的软铜线，亮度会变暗。

10. 红外检测需配备相应的设备及注意事项

（1）温湿度仪。相关规程规定，检测时环境的温度不宜低于 5℃，空气湿度不宜大于 85%，其温、湿度对检测结果有较大的影响，因此需要配备。

（2）风速与气压仪。相关规程规定，检测时环境风速不应超过 0.5m/s，因此需要配备风速仪。

（3）笔记本电脑及数码相机。缺陷报告需及时上报，在检测时，可以在现场做出报告，便于红外检测的连续性。

（4）及时为红外检测提供负荷分配情况，做到能及时了解设备所带负荷的大小，掌握相关数据，使其能做到有的放矢。

（5）辐射率与物体的温度、表面粗糙度、颜色等方面的因素有关，实际运行中的电气设备的辐射率难以准确确定，电气接头的接头多为铝、铜，专家建议辐射率定为 0.55，电压互感器、电流互感器电瓷的辐射率应定为 0.90 ~ 0.94，建议由有关部门协商，确定出可操作的辐射率。

（6）本单位判断设备发热缺陷的标准，使温度的绝对值，发热 100℃以上为 I 类缺陷，发热 80 ~ 99℃间为 II 类缺陷，这样的判断方式忽略了环境因素的影响，建议引入温升来判断，温升 40K 以上，视为紧急缺陷；温升 40K 以下，视为严重缺陷。

（7）进行红外热像检测时，应对可能发热的设备部位进行检测。

针对不同的检测对象，选择不同的环境温度参照体；测量设备发热点、正常相的对应点及环境参照体的温度值时，应使用同一台仪器相继测量；正确选择被测物体的发射率；作同类比较时，注意保持仪器与各测点的距离、方位一致；正确设置大气温度、相对湿度、距离测量等补偿参数，并选择适当的测温范围；应从不同方位进行检测，求出最热点的温度值；记录异常设备的实际负荷电流和发热相、正常相及环境温度参照的温度值。

红外热像检测工作是带电测试的一项重要手段，它是及时有效地发现运行设备故障和隐患的先进武器，是开展状态检修的基础条件，也是减少停电、提高设备供电可靠性、保障电网安全稳定的重要保证。实践证明，它能及时有效地发现运行中电气设备的隐患和故障，并形成了一套较为完整的红外检测监督体系，积累了一些红外检测的经验。

由于红外热像检测技术是一门新兴综合性学科，加之设备千差万别，外部运行条件各不相同，这就要求我们从实际出发，具体问题具体分析，平时多观察，收集好第一手材料，不断提高自身的技术水平，准确判断，灵活运用，把设备管理维护工作提高到一个新的水平，为电网安全稳定运行做出自己的贡献。

附录A 交流高压电器在长期工作时发热相关条款

电器中各零件、材料及介质的最高允许温度和温升不应超过表 A.1 中所规定的数值。

表A.1 　　　　　　　　　　电器中各零件材料的最高允许温度和温升

序号	电器零件、材料及介质的类别[1)、2)、3)、4)]	最高允许温度（℃）			周围空气温度为40℃时的允许温升（K）		
		空气中	SF₆中	油中	空气中	SF₆中	油中
1	触头[5)、6)]						
	裸铜或裸铜合金	75	90	80	35	50	40
	镀锡	90	90	90	50	50	50
	镀银或镀镍（包括镀厚银及镶银片）	105	105	90	65	65	50
2	用螺栓或其他等效方法连接的导体接合部分[7)] 裸铜（铜合金）和裸铝（铝合金）	90	105	100	50	65	60
	镀（搪）锡	105	105	100	65	65	60
	镀银（镀厚银）或镀镍	115	115	100	75	75	60
3	用其他裸金属制成或表面镀其他材料的触头或连接[8)]						
4	用螺栓或螺钉与外部导体连接的端子[9)]						
	裸铜（铜合金）和裸铝（铝合金）	90			60		
	镀（搪）锡或镀银（镀厚银）	105			65		
	其他镀层[8)]						

序号	电器零件、材料及介质的类别[1]、[2]、[3]、[4]	最高允许温度（℃）			周围空气温度为40℃时的允许温升（K）		
		空气中	SF₆中	油中	空气中	SF₆中	油中
5	油断路器用油[10]、[11]			90			50
6	起弹簧作用的金属零件[12]						
7	下列等级的绝缘材料及与其接触的金属零件[13]、[14]、[15]						
	a）需要考虑发热对机械强度影响的：						
	Y（对不浸渍材料）	85	90	—	45	50	—
	A（对浸在油中或浸渍过的）	100	100	100	60	60	60
	E、B、F、H	110	100	110	70	70	60
	b）不需要考虑发热对机械强度影响的：						
	Y（对未浸渍过的材料）	90	90	—	45	50	—
	A（对浸渍过的材料）	100	100	100	60	60	60
	E	120	120	100	80	80	60
	B	130	130	100	90	90	60
	F	155	155	100	115	115	60
	H	180	180	100	140	140	60
	c）漆：						
	油基漆	100	100	100	60	60	60
	合成漆	120	120	100	80	80	60
8	不与绝缘材料（油除外）接触的金属零件（触头除外）						
	a）需要考虑发热对机械强度影响的：						
	裸铜、裸铜合金或镀银	120	120	100	80	80	60
	裸铝、裸铝合金或镀银	110	110	100	70	70	60
	钢、铸铁及其他	110	110	100	70	70	60

序号	电器零件、材料及介质的类别[1)、2)、3)、4)]	最高允许温度（℃）			周围空气温度为40℃时的允许温升（K）		
		空气中	SF$_6$中	油中	空气中	SF$_6$中	油中
8	b）不需要考虑发热对机械强度影响的：						
	裸铜、裸铜合金、镀银	145	145	100	105	105	60
	铝、裸铝合金、镀银	135	135	100	95	95	60

注　1）相同零件、材料及介质，其功能属于本表所列的几种不同类别时，其最高允许温度和温升按各类别中最低值考虑。

2）本表中数值不适用于处于真空中的零件和材料。

3）封闭式组合电器、金属封闭开关设备等外壳的最高允许温度和温升由其相应的标准规定。

4）以不损害周围的绝缘材料为限。

5）当动、静触头有不同镀层时，其允许温度和温升应选取本表中允许值较低的镀层之值。

6）涂、镀触头，在按电器的相应标准进行下列试验后，接触表面应保留镀层，否则按裸触头处理。

　　a）关合试验和开断试验（如果有的话）。

　　b）热稳定试验。

　　c）机械寿命试验。

7）当两种不同镀层的金属材料紧固连接时，允许温升值以较高者计。

8）其值应根据材料的特性来决定。

9）此值不受所连外部导体端子涂、镀情况的影响。

10）以油的上层部位为准。

11）当采用低闪点的油时，其温升值的确定应考虑油的汽化和氧化作用。

12）以不损害材料的弹性为限。

13）绝缘材料的耐热分级按 GB/T 11021—2007《电气绝缘·耐热性分级》的规定执行。

14）对不需要考虑发热对机械强度影响的铜、铜合金、铝、铝合金的最高允许温度既不高于所接触的绝缘材料的最高允许温度，也不得高于本表中序号 8 项 b）规定的值。

15）耐热等级超过 H 级者以不导致周围零件损坏为限。

16）空气和 SF$_6$ 用作高压电器产品的介质时，其长期工作时的最高允许温度和温升不需限制。